森林環境マネジメント

司法・行政・企業の視点から

小林紀之 著

海青社

はじめに

森林や環境問題は多くの人々により様々な面から考えられてきた。

本書のねらいは森林を中心に据え、環境や温暖化との結びつきを考えようとしている。視点を司法、行政、ビジネスにおいている。

環境問題の分野は、公害と自然保護に大別できるが、自然保護は森林と密接に関係している。温暖化防止でも森林の役割は重要である。国土の7割を森林が占めるわが国では、特に森林と環境のつながりは深い。地球規模で見ても、環境問題の多くは森林と関係している。

森林環境マネジメントの定義はあるわけではない。さしずめ、森林をとりまく環境を対象とした取り組みを意味している。従って、森林そのものではなくより広範囲に森林と環境を結びつけて自然資本としての森林と環境の管理、経営を目指すものである。勿論、人間を自然の一部としてとらえ、人間の都合のためだけに自然や森林を管理しようとするものではない。

森林、環境、温暖化をめぐる問題は人間活動と深く関係している。これらの問題が大きくなったのは産業革命以降の150年足らずの間である。産業活動の活発化と人口増加によるもので、このまま放置するとさらに深刻化することは科学的にも明らかになってきている。

人々が自らの意志のみで森林保全、環境保護やCO_2の排出抑制に取り組むには限度がありむずかしい。地球環境問題になると国益がからみ、対応はもっとやっかいである。

日本の自然がきらいな日本人は先ずいないであろう。自然をどのようにして守るかは個人により、企業によってその考え方は異なっている。環境保全と経済活動のどちらを重視するかによっても大きく異なる。そこで必要となるのは、人々や企業が共通に守る秩序、ルールであり、そのもととなる理念、考え方や倫理である。国内では法律、条例、国際的には条約や国際合意である。国内法では環境法、自然保護に関する法律や森林関連法等である。国際的にはリオ宣言や様々な地球環境条約がある。

これらの法秩序の運用を担うのが中央政府や地方自治体の行政機関であり、国際的には国連等国際機関である。法秩序を守るためには、国・地方公共団体、国民、事業者各々の役割が重要で、環境関連法でも定められている。

そこで本書では、森林、環境や温暖化に関する法令はじめ政府、自治体の施策、市民や企業活動等を各テーマごとに取り上げている。

私は社会に出て半世紀になるが企業活動、教育・研究活動と2つの経験を積んでいる。環境問題に実務と理論で携わって四半世紀になるが前半は企業としての取り組み、後半は法科大学院での環境法を中心とする教育・研究活動である。大学では林学を学び、企業で経験を積んだことから、自然科学を素養にした環境法の専門家ということになる。私がスペシャリストとして自負している所以は、実務と理論、自然科学と社会科学と多角的な側面から森林、環境や温暖化問題を考える経験を持っているからと思っている。

本書の特徴は次の5点である。

第1に、多様なテーマを多角的に双方向で考え、学べる内容であること。

森林、環境、温暖化問題を自然科学（森林、環境科学）と社会科学（法律、行政）の両面から分析し、幅広い読者を対象としているが、実務家は理論を、研究者は実務を学べる内容とした。森林科学を学ぶ学生には実務と環境をより深く学べる内容とした。環境法を学ぶ学生には環境と法の橋渡し役となる内容に心がけた。

第2に、歴史から学ぶことを重要視していること。

主要なテーマで歴史的経緯の記述に多くの頁を割いた。必要に応じて詳細な年表で示し分かり易くした。人類は自然破壊や公害でなぜくりかえし過ちを犯してきたのかを学び、教訓を将来に活かすことの大切さを多くの方々が考える機会としたいからである。

第3に、地球的視座で考えることを基本としていること。

森林、環境、温暖化問題は世界とのかかわりが重要で、国内問題も世界の動向をぬきにしては考えられない。環境問題はThink Globally Act Locallyがかねてから重要視されてきた。各テーマで世界、国内の動向と地域や企業の取り組みを3層で取りあげた。

第4に、実務に立脚していること。

長年の実務経験から、政策立案・決定者や行政、企業の実務家が現場の実務に役立て得る内容に心がけた。各テーマとも国内外の事例を多く紹介し、各々の立場で、実務の参考となることを目指した。また、実務家が理論や法律を知ることにより業務を進める上で厚みの出ることを願っている。

第5に16講どこからでも読めること。

本書は16講と補足の資料で構成されている。第1講を導入部分とし、テーマを大きく分けると次のとおりである。

・森林環境総論　第2、3講
・地球環境総論　第4、5、6講
・自然保護各論　第7、8講
・森林、林業、木材各論　第9、10、11、12講
・地球温暖化各論　第13、14、15、16講

16講とも内容は完結しており、どの講から読んでいただいてもよいが、5テーマ毎にまとめた方が理解しやすいと思われる。

また、大学の教科書、参考書として活用できるよう、2単位15回の講義に適すように構成している。

1　各テーマのまとめ

本書の全体を分かりやすくするために5つのテーマ毎の要点を述べておきたい。

森林環境総論（第2、3講）

世界の森林は熱帯林を中心に減少が続いている。この問題に最初に警鐘を鳴らしたのは、1978年に米国政府が発表した「2000年の地球」である。その後1992年地球サミットの「森林原則声明」等により、「持続可能な森林経営」に向け、国連を中心とする世界の取り組みは本格化した。近年は国連森林フォーラム（UNFF）を中心に推進されているが、2015年のUNFF第11回会合で活動評価と、今後の国際的取り組みの在り方が協議されるが、社会・経済問題ともからみ解決すべき課題は多い（第2講）。

「持続可能な森林経営」の基準・指標づくりは、モントリオール・プロセス等世界で9つの主要な取り組みが生まれた（第2講）。民間を中心にPEFCとFSCの森林認証制度が国際的に推進され、わが国ではSGECとFSCが活動している（第3講）。

わが国の森林政策は明治以来、予定調和論に立脚する「保続林業」の概念の基で進められてきた。「持続可能な森林経営」の概念が森林政策に本格的に導入されたのは1990年代になってからで、導入に当たり森林関係者に「保続林業」に対するこだわりがあったと推察される（第3講）。

地球環境総論（第4、5、6講）

国境をまたぐ国際環境問題として最初に歴史に残るのは1920年代から1940年代の米国とカナダ間のトレイル溶鉱所事件である。その後欧州やアメリカ、カナダで2国間、多国間の水質汚濁、大気汚染、海洋汚染や有害化学物質の越境移動問題等が多発した。さらに、地球温暖化、オゾン層破壊、森林減少、砂漠化等々地球規模の環境問題へと広がっていった（第5講）。

地球環境問題の世界の取り組みに大きな転機となったのは１９９２年の国連地球サミットで、５つの重要な宣言、条約等が採択された。

リオ宣言では27の原則で環境と開発（発展）に向けての世界共通の理念、考え方としての原則を示している。これらの原則は世界の国々の環境問題取り組みの基本原則となっている。「アジェンダ21」では、リオ宣言に基づいて各国が取るべき行動指針、行動計画を示している。

気候変動枠条約、生物多様性条約と森林原則声明は地球環境問題の重大な分野の取り組みについて採択されたものである。森林問題についても条約を目指したが先進国、途上国の利害の対立から条約化できず、法的拘束力のない声明として指針的なものとして採択された。この原則声明で持続可能な森林経営の概念が示されたことは成果と言える（第4講）。

わが国の環境問題の取り組みも地球サミットが大きな転機となり、リオ宣言で示されている諸原則は、わが国の環境法・政策の基本理念・考え方に大きな影響を与えている。

特に、第15原則の予防原則や、第16原則の汚染者負担原則は環境法や基本政策で重要な位置づけとなっている（第4講）。

わが国の環境問題の歴史を振り返ると、重大な公害問題は当時のわが国を代表する企業が起こしたもので、足尾鉱毒事件や水俣病の教訓から学ぶ必要がある。福島第一原子力発電所の放射性物質汚染問題への対応や原子力発電所の再稼働の是非に関し、過去の公害問題の教訓やリオ宣言に則って考えるべきである（第5講）。

自然保護各論（第7、8講）

わが国は森林国で、自然保護の歴史は森林との関連が深い。古代から江戸時代、明治以降の近代法制導入の時代、1970年以降の生物多様性の重視の時代に分け、法政策面での歴史を概観したい（第7講）。

近畿圏では1000年以上前に禁伐による森林保全が一部であった。江戸時代には多くの藩で森林保全に取り組まれていた。

明治以降は1931年に国立公園法が制定されるまでは自然保護は森林法、森林行政の一環として取り組まれた。同法は、1957年に自然公園法となるが、保護よりも利用が優先された。また、「地域制（ゾーニング）公園」であるため、私有地では私有権、財産権が尊重され、自然保護の実施面で限界があるのが現状である（第8講）。

わが国の法制面で、本格的に自然保護が重視されるのは、2008年に生物多様性基本法が成立してからで、自然保護関連法のみならず、森林法、河川法等にも「生物多様性の確保」が目的規定に入れられた（第7、8講）。

人間と自然や景観の関係について、法的、倫理的な面で環境法や環境倫理の分野が研究されてきた。裁判でも争点となった事案もある。環境権、自然享有権、自然の権利や景観権をめぐっては、環境法の理念、考え方として、訴訟における権利としての両面から論議されている。わが国では、これらの権利はいずれも訴訟における権利としては認められていないが、米国では自然の権利訴訟で絶滅危惧種に限って原告適格が認められている。わが国では、国立のマンションや鞆の浦をめぐる訴訟で景観利益が法律上保護される利益として認められている(第7講)。

自然公園制度での自然保護の最も重要な課題は保全と利用の調整と、開発行為の制限であるが、ニセコ町の景観条例は景観維持のみならず、自然環境保全に結びつく効果的な条例である(第8講)。

森林・林業・木材各論(第9～12講)

わが国の森林法・政策は、明治以来、ドイツ森林法をモデルにした森林法と保続林業のもとで推進され、戦中戦後の乱伐期を除き、森林資源の育成が図られてきた。1964年林業基本法が成立し森林法と2本立ての法体系が確立した(第9講)。同年の丸太輸入の完全自由化と共に、経済重視、市場原理の下で国内林業は国際競争力に対抗できず弱体化の一途をたどり、国土保全、環境保全上の問題にもなっている。2002年には木材自給率は2割を切ったが、回復基調にあるも、2013年で3割弱である(第12講)。

持続可能な森林経営の概念が世界的な潮流となる中で、わが国の森林政策でも2000年代に入り導入され、森林の多面的機能が重要視されるようになった。一方、民主党政府のもとで2009年、「森林・林業再生プラン」が策定され、国産材自給率50%を目指す経済性重視の森林政策が導入された(第10講)。この政策は林業・木材産業の大規模化による効率化、コストダウンを目指すもので、林産業に大きな転機をもたらしている。大規模木材加工、合板工場やバイオマス発電施設の建設が続いているが、原木生産が追いつかず、原木供給の不安が生じている。

木材加工工業、バイオマス発電施設や原木輸出による需要増に見合う地域ごとの安定した原木供給体制の確立が急がれている。持続可能な森林経営と木材加工工業、バイオマス発電の新たな連携を地域ごとに行政、民間で取り組む必要がある（第11講）。

わが国の木材輸入は大正時代に始まり、戦中、戦後の一時期に中断したが、戦後の復興材として輸入が再開された。1964年の丸太輸入完全自由化と共に輸入量は急増し、1969年には自給率は5割を切った。輸入材（外材）は国産材の補完的な位置づけから1970年代には木材市場の主役に躍り出た（第12講）。1980年代後半の熱帯林伐採反対運動や北米での環境問題等で木材輸入は環境問題への対応が重要となった（第2講、第12講）。近年、木材輸入は減少傾向にあり、半世紀期ぶりに国産材回帰の時代に入っている。

地球温暖化各論（第13～16講）

夏の酷暑、集中豪雨、大型台風、冬の豪雪、暴風雪と四季を問わず異常気象が頻発している。地球温暖化による気候変動が原因であることが科学的にも解明されてきている。

IPCCの第5次評価報告書（2013、2014年）は地球温暖化は疑う余地はなく、人間活動が温暖化の支配的要因であった可能性が極めて高いと報告している。

地球温暖化の取り組みは、気候変動枠組条約とIPCCの両輪の輪で進められてきた。京都議定書は先進国（附属書I国）に削減義務を果たしたものの、充分な役目を果たせぬままに終了しようとしている。２０２０年以降の新しい枠組み（新枠組み）に向け国際交渉は加速化し、２０１５年のＣＯＰ21での合意を目指している。

新枠組みは、京都議定書の反省から、すべての国の参加のもとで、各国は自主的に削減目標を策定し、世界で取り組み、気温上昇を２℃未満に抑えることを目標としている。新枠組みは、緩やかな形での合意を目指しているが、目標達成には経済、エネルギー問題が関係し、解決すべき課題が多い（第13講）。

わが国の地球温暖化政策は、東日本大震災、福島原発事故以降、大きく後退しており、京都議定書第２約束期間の削減義務に参加していない。新枠組みに向けての削減目標の策定も遅れている（第13講）。

地球温暖化対策推進法で都道府県は温室効果ガス排出抑制の施策を実施することになっているか長野県、高知県、新潟県の事例や環境未来都市構想を概観する（第14講）。市町村の再生可能エネルギーの取り組みが活発化しているがアンケートの結果から見ると課題も多い（第14講）。市町村の低炭素社会、脱温暖化への具体的取り組みとして下川町、桐生市の事例を述べたい（第14講）。

地球温暖化防止に森林・木材は重要な役割を果たしているが、京都議定書第１約束期間のわが国の削減目標６％の内、３・８％は森林による吸収量で賄った。森林によるＣＯ$_2$吸収量や木材の固定量の算定方式は京都議定書で定められている（第15講）。新枠組みでは熱帯林減少によるＣＯ$_2$排出を抑制する仕組みとしてREDDプラスが導入されるが、実施には課題が多い（第15講）。

森林が吸収するCO_2を経済的に評価し、クレジット化（森林吸収源クレジット）し排出取引やカーボン・オフセットで活用できる。J－VER制度やJ－クレジット制度でも活用されている。森林を健全化し、温暖化防止と地域の発展に貢献する可能性が大きく、政府による強力な推進策が望まれている（第16講）。

2　森林・環境・温暖化の相互関係

森林・環境・温暖化をめぐる諸問題は各々が異なる事象だが、相互に関連している。相互関係と各講を結びつけて俯瞰し、森林環境マネジメントの位置づけを示しておきたい。

森林と環境

国内外で起こってきた環境問題の多くは森林との関連が深い（第4、5、6講）。特に自然保護、生物多様性保全等の取り組みは森林保全と共に進める必要がある（第2、3、7、8講）。

持続可能な森林経営は世界の森林経営（管理）の金科玉条として定着しているが森林の多面的機能の中でも最も重要な生態系のニーズは環境分野の取り組みでも重要である（第2、3、8講）。

わが国は近代的な森林法・政策を導入して100年以上になるが、木材生産を主とする経済的機能と環境機能（公益的機能）のどちらを重視するかは時代のニーズと共に変化してきた。現在では生物多様性をはじめとする自然環境保全と経済活動との両立は重要な課題である（第9、10講）。わが国の林業、木材産業でも環境問題の取り組みは企業経営の重要項目である（第10、11講）。

森林と地球温暖化

世界の温室効果ガス総排出量の17・4％は熱帯林減少等森林分野からの排出量と報告されている（第13講）。わが国の京都議定書第一約束期間の削減目標6％の内3・8％は森林吸収源として森林が吸収したＣＯ$_2$の量を繰り入れて目標達成した。２０１３年11月に策定した排出削減暫定目標値３・８％の内、２・８％は森林吸収源である。これらから見て分かるように森林の温暖化防止に果たす役割は重要である（第13、14、15講）。

気候変動枠組条約、京都議定書やＩＰＣＣ評価報告書でも森林吸収源は重要な位置を占めている（第15講）。わが国の森林吸収源対策は地球温暖化政策の中で取り組まれており、年間50～55万ヘクタルの間伐促進などは温暖化政策としても推進されてきた。また、木材によるＣＯ$_2$固定を評価する動きも広まっている（第15講）。

地球温暖化防止への市民、企業等民間参加の取り組みとしてカーボン・オフセットや排出量取引が世界に広がっている。森林保全や植林プロジェクトによるＣＯ$_2$の吸収量が注目されてきた（第16講）。

地球温暖化による環境への影響

地球温暖化による気候変動が地球環境や地域環境に重大で取り返しのつかない影響を与えることはＩＰＣＣ等で科学的にも解明されている。ＩＰＣＣ第5次評価報告書（ＳＰＭ2）でも人々や生態系にとって深刻で広範囲にわたる不可逆的な影響が高まっていることが報告されている（第13講）。地球温暖化による生物多様性等環境への被害による損失は経済的に換算すると膨大な金額に達すると見られている。また、温暖化対策の費用投資を先送りすればする程、対策費は大きくなることが指摘されている。

気候変動枠組条約と生物多様性条約等他の地球環境条約との連携を図ることの重要性が増していることが近年、指摘されている。

これまで見てきたように、森林・環境・温暖化の3つの事象は各々を単独で取り組むのは勿論のこと、3事象の関連する重なる分野は森林環境マネジメントとして取り組むことが効果的と考えられる。

幅広い読者に読んでいただき、本書が森林保全、環境保護、地球温暖化防止に少しでも貢献できれば、私にとって望外の喜びである。

2015年1月

小林紀之

森林環境マネジメント——目　次

第1講　「森林環境マネジメント」事始め

本書「森林環境マネジメント」は森林・林業と環境法の分野が交錯して構成されている。これは、私の歩んできた多様な実務や研究の経歴に係わっている。本書を上梓するに至る背景を先ず述べておきたい。

約半世紀前に林学を学んだ。現在では森林科学科と称することが多いが、当時は林学科が一般的であった。教室での知識より、北海道とアメリカ・カナダの山々や森林で学んだことに大きな影響を受けた。企業では海外業務、住宅業務も経験したが、1990年代に環境分野に携わり基盤を築いた。この間、企業の環境問題取り組みをテーマに学位を取得し、その後の私の新しい道を拓くことになった。

2004年日本大学法科大学院開設とともに教授に任命され環境法を教えることになり、環境法教育のパイオニアとして始めたが、早いもので10年が過ぎた。また、生物資源科学部では兼担教授として約6年間、森林科学、環境倫理を教えた。

環境問題、地球温暖化問題で世界が大きく動いたこの四半世紀、企業実務、司法、行政分野で様々な経験を積んだ。法科大学院での教鞭はもとより、政府関係の委員会、多くの地方自治体の地球温暖化対策の取り組み等に積極的に参画してきた。また、多くの大学や研究機関の研究プロジェクトに参加し、学んできた。

1　森林・林業と環境問題の実践と研究

私の企業生活は、海外部門約20年、住宅部門5年、そして環境部門に12年勤務した。この間、フィリピン、インドネシア、マレーシアに通算10年弱駐在した。

森林と環境のことを深く考えることになったのは、1980年代末に海外部門の部長から環境部門の責任者に転じてからで、森林と環境問題の実践と研究に係って25年近くになる。

私が勤務した住友林業㈱では、1980年代後半から熱帯林問題などで地球環境問題への対応が企業経営上の重要課題となり、準備期間を経て1990年代初頭にグリーン環境室が設立され、私が初代の室長に任命された。当初の主な取り組みは、東京大学・造林学研究室佐々木恵彦教授との共同研究事業「熱帯林再生プロジェクト」によるインドネシア・東カリマンタン州スブルでの実験林の運営、研究の推進であった。その後、企業活動全般にわたる環境マネジメントシステム導入、ISO14001認証取得、森林認証、廃棄物問題、地球温暖化問題等々森林環境のみならず環境に係る幅広い分野の取り組みを担当した。

環境問題の取り組みで国内外の多くの分野の専門家、研究者、ＮＧＯと交流する中で大学時代の不勉強による基礎知識の不足と実力不足を痛感し、自分なりに専門家を目指して勉強していた。本格的な研究の必要性から１９９８年夏、北海道大学石井寛教授の門をたたき学位取得に向け指導して頂くことになった。石井先生の主査、新谷融、寺澤實、高橋邦秀、和孝夫教授、柿沢宏昭、中村太士助教授（いずれも当時）の副査のもとで２０００年３月、学位論文「企業による持続可能な森林経営と海外植林、熱帯林再生に関する研究」で北海道大学博士（農学）学位を授与された。ご指導いただいた各先生には深く感謝している。この学位論文をもとに、「21世紀の環境企業と森林」を２０００年９月に㈱日本林業調査会から出版し、研究成果を世に問うことになった。

森林科学教育のお手伝いとしては、１９９７年の北海道大学を皮切りに、日本大学、愛媛大学、信州大学、東京農工大学等の非常勤講師を各々３年から6年間歴任した。

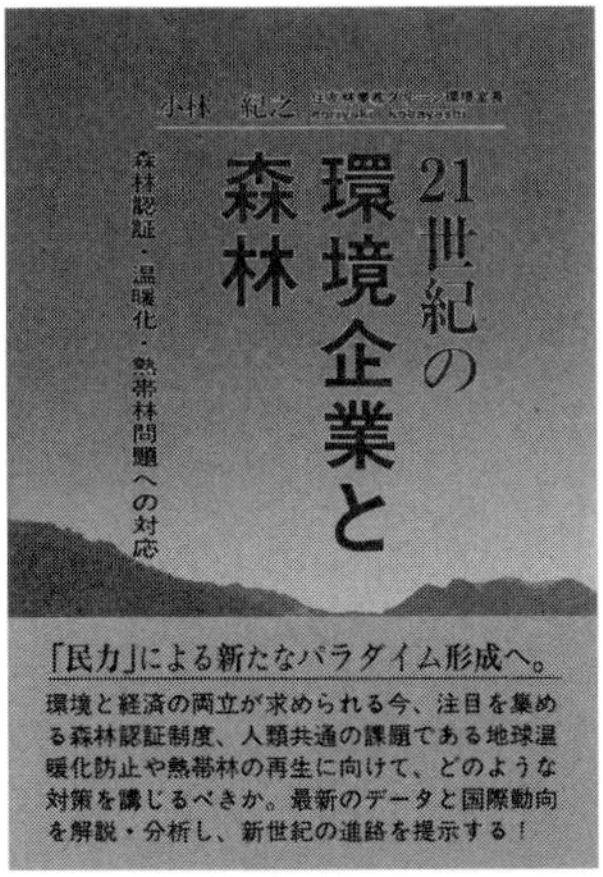

図1　21世紀の環境企業と森林
（森林認証・温暖化・熱帯林問題への対応の解説）

2　法科大学院での環境法研究と教育

２００４年４月日本大学大学院法務研究科（法科大学院）教授、生物資源科学部兼担教授に採用され

た。法科大学院は司法改革の目玉として司法試験を目指す人材を教育する専門職大学院で、2004年に全国で70校以上が開設された。

環境問題の重要性から環境法は新司法試験の選択科目の一つとなっている。私は環境問題の企業での実践と研究を活かし、千葉大学名誉教授植木哲先生、小賀野晶一先生、弁護士の佐藤泉先生（上智大学北村喜宣教授、2015・4から）と環境法Ⅰ、Ⅱ、演習の3科目を講義している。新司法試験の環境法の対象は環境基本法、自然公園法はじめ10の法律で、大気汚染、水質汚濁、土壌汚染など公害関連、廃棄物・リサイクル、地球温暖化対策、環境影響評価等現代の環境問題の重要な分野を網羅している。

環境法の授業では自然保護分野も重要な分野で、前述の自然公園法はじめ生物多様性基本法、自然環境保全法等が講義対象となっている。森林法もこの分野の法律として位置づけられているが、「ベーシック環境六法」（第一法規）にも重要条文は収録されている。

再生可能エネルギー推進で林地残材等木質バイオマス利用は重要な課題である。政策の推進と共に法整備が必要で、廃棄物処理法、循環型社会推進基本法等が関係してくる。2011年には再生可能エネルギーに係る全量固定価格買取制度に関する法律（再生可能エネルギー特措法）が制定され、2012年4月から施行されている。

地球温暖化対策に関する法律は環境法の重要分野で地球温暖化対策推進法（温対法）、省エネ法を学ぶことは勿論であるが、気候変動枠組条約や京都議定書に関する知識も不可欠である。

最近では、福島第一原子力発電所事故による放射性物質汚染問題は最大かつ深刻な環境汚染として環境法の重要な分野になっている。

森林法が環境法の分野にも含まれることを前述したが、2011年に出版された「環境法大系」（商事法務刊）の第2編第11章で「森林保全関連法の課題と展望」を担当した。2011年の森林法改正に焦点をあて、改正内容を解説するとともに、わが国の森林保全関係の法整備の変遷と今日的課題を論述したので第10講等でもその一部を紹介したい。

3　地球温暖化と森林の役割に関する取り組みへの活動と研究

地球温暖化防止に森林のCO_2吸収能力、木材の炭素固定能力を役立てることは、森林環境マネジメントでも大切な課題と考えられている。

私は1992年頃から約20年間このテーマに取り組みライフワークともなっている。この問題の取り組みには森林の専門知識とともに、気候変動枠組条約、京都議定書などの国際ルールや国際交渉の動向、国内法政策に関する専門性が求められ、私の専門分野となっている。活動分野としては締約国会議（COP）や国際会議への出席、大学等の研究プロジェクトへの参加、政府、自治体の委員会へ委員としての参画などである。下川町では環境モデル都市、環境未来都市、アドバイザーとしてのお手伝いもしている。研究成果として多くの論文、著書も発表してきた。このテーマに関しては13～16講の中で詳しく取り上げたいが、本講では概要と考え方の一端を述べておきたい。

京都議定書は、森林等吸収源によるCO２吸収量を限定的だが削減目標の算定に繰り入れることを認めている。ＩＰＣＣ（気候変動に関する政府間パネル）の評価報告書でも地球温暖化防止に対する森林の役割を科学的に高く評価している。

わが国の地球温暖化政策で森林吸収源は重要な位置を占め、日本政府は京都議定書第１約束期間（２００８年から２０１２年）の温室効果ガス削減目標６％の内３・８％と森林吸収源で確保することを決定した。この目標達成のため林野庁は２００２年に「森林吸収源10カ年対策」を策定し、施策を推進してきた。その主な対策は、京都議定書の３条４項に基づく「森林経営」での健全な森林の整備としての間伐の促進と保安林等の適切な管理・保全の推進である。

わが国は、京都議定書の２０１３年から始まる第２約束期間の削減義務に参加していないが、２０２０年以降の新枠組には積極的に対応すべきである。新エネルギー政策、地球温暖化政策を早急に策定するとともに中・長期の温室効果ガス削減目標をＣＯＰ20で求められた時期までに気候変動枠組条約事務局に提出する必要がある。

京都議定書の特徴のひとつは前述したが、市場メカニズムの活用で、京都メカニズムの下での排出量取引制度は先進国間をはじめ、ＥＵ、オーストラリア、ニュージーランド、米国の多くの州で推進されてきた。わが国では温対法のもとでの排出量制度は導入されていないが、経産省の国内クレジット制度（２００８年10月）や環境省のカーボン・オフセットＪ－ＶＥＲ制度（２００８年11月）として取り組まれてきた。

私はカーボン・オフセット検討委員会委員として、森林プロジェクト設計のWGの座長としてJ-VER制度の設立に係り、運営委員会委員として制度の運営のお手伝いをしてきた。

2013年4月から国内クレジット制度とJ-VER制度は統合され、J-クレジット制度として発足することになり、J-クレジット制度の準備委員会委員として制度設計に参画してきた。

木材に固定されている炭素貯蔵能力は京都議定書の第1約束期間では「伐採即排出」として評価されないで扱われてきた。第2約束期間では伐採された木材（HWP：Harvested Wood Products）は自国の手入れされた森林から産出された木材のみを対象に固定量が評価されることになった。廃棄物処理場に埋めたり、焼却された時点で排出とみなされる。今回の新ルールのもとで木材の温暖化防止に対する役割が評価され、国産材の利用拡大につながっていることが期待されている。

森林吸収源をめぐる国際的動向としては「途上国における森林減少、劣化等によるGHG排出量の削減」（REDDプラス：第16講参照）が2020年以降の将来枠組みでの重要な取り組みとなっている。

地球温暖化と森林に関する私の著書としては「温暖化と森林 地球益を守る」㈱日本林業調査会、2008年）等、最近の論文では「地球温暖化をめぐる取り組みの歴史、現状と将来展望」（日本大学法科大学院法務研究第12号、2015・3）、「吸収源をめぐるREDDプラスの動向」（環境法研究第37号、2012・10）等があり、これ等の内容は13〜16講でも紹介したい。

4　地方自治体や地域の取り組みへの参画

森林や環境に関する地方自治体の取り組みに対するお手伝いに様々な面でこの10数年係ってきた。現在は下川町、高知県、新潟県、長野県、山梨県、東京都港区はじめ、滋賀県湖東地域のお手伝いをしている。

下川町とのお付き合いは2005年頃森林吸収源の活用につき、ご相談を受けたことから始まり、その後、カーボン・オフセットの制度設計、J-VERクレジットへの取り組みへと進展していった。

木材のCO_2固定認証制度としては、高知県、長野県、東京都港区の制度設計、運営に中心的に参画している。2011年に開始した「みなとモデル二酸化炭素固定認証制度」は大都市のビルやマンションに国産材の利用拡大を目指す温暖化対策として特徴的な制度として発展し、注目されている。

私が多くの自治体や地域の取り組みに積極的に参画する理由は、地域の特徴を活かした取り組みが出来るし、これ等の取り組みに少しでもお役に立ちたいからである。また、森林や環境に関する問題は地域の取り組みが国を動かし、やがて世界を動かす可能性を持っていると考えるからである。

5　研究プロジェクトへの参加

研究分野、国際的機関の活動への参加につき簡単にふれておきたい。

国際的な研究プロジェクトへの参加としては北海道大学大崎満教授をリーダーとするJST-J

ICA「泥炭・森林における火災と炭素管理プロジェクト」を先ずあげておきたい。アドバイザーとして参加した2004年から10年間の国際研究プロジェクトでインドネシア中部カリマンタン州をフィールドとして大きな成果をあげた。環境省環境研究総合推進費の京大、小林繁男教授、広島大奥田敏統教授をリーダーとするREDDプラス関連の2つの研究プロジェクトにアドバイザーとして参加した。

JICA国内支援委員会「REDDプラス関連プロジェクト支援」委員や地球環境戦略研究機関のシニアフェローとしても活動した。

これらの活動を通して国際的な視野での研究や活動の目を養ってきた。

国内の研究プロジェクトの参加として、JST/RISTEXによる〝地域力による脱温暖化と未来の街――桐生の構築〟プロジェクトにガバナンスボードのメンバーとして参画している（第14講参照）。

第２講　世界の森林をめぐる取り組みの動向

――持続可能な森林経営への挑戦――

持続可能な森林経営が１９９２年地球サミットで採択された森林原則声明、アジェンダ21で提唱されて20年が過ぎた。本講は持続可能な森林経営の概念、基準・指標を概観し、この20年の国連を中心とする国際的取り組みを歴史的に辿りたい。国際連合食料農業機関（FAO）の「世界森林資源評価２０１０」（FRA2010）によれば、２０１０年の世界の森林面積は40・３億㌶で、世界の陸地面積の31％を占めている。２０００年から２０１０年の10年間で世界の森林面積は植林による増加分を差し引いても年平均５２１万㌶が減少している。１９９０年から２０００年の年平均８３３万㌶に比して減少に歯止めがかかってきているものの熱帯林を中心とする減少は続いている。最近の動向から将来を展望し、今日的な視点から課題を分析したい。

1　持続可能な発展の歴史的経緯、定義

Sustainable Developmentはわが国では持続可能な開発と訳されることが一般的で公式文書や法律でも用いられることが多い。Developmentを開発、発展のどちらに訳すかにより言葉の意味が異なる。現代のわが国では持続可能な発展と訳すのが妥当と考えられるので本講では持続可能な発展という表現を用いたい。

持続可能(Sustainable)の概念の萌芽は漁業分野で「最大維持可能な漁獲量(Maximum Sustainable Yield：MSY)」という概念が漁業資源保護指針として捕鯨取締条約(1946年)や北太平洋漁業協定(1952年)で用いられたことに始まり、また、林業分野では「最大伐採可能量(Maximum Allowable Cut：MAC)」の概念に用いられたことなどと見られている(大塚 2010：48)。よく知られている「共有地の悲劇」の寓話にもこの概念は通ずるところがある。北村喜宣教授は「獲りすぎない」「使い過ぎない」というお作法は、いわば「生活の知恵」として古来より社会に伝承されてきたはずであると述べている(北村 2013：45)。20世紀後半に人類の価値観が開発と経済成長に傾斜する中でこの「生活の知恵」がなおざりにされ、持続可能(Sustainable)な概念も広く世界の人々に影響を与えることはなかった。[1]

この概念が世界的に大きな影響を与える契機となったのは、1987年の「環境と発展に関する世界委員会」(ブルントラント委員会)の報告書でSustainable Development(持続可能な発展)の概念が提唱

表1　Sustainable Development 原文

"development that meets the needs of the present without compromising the ability of future generations to meet their own needs."

されたことである。「環境と開発に関する世界委員会」（ブルントラント委員会）が国連決議に基づき国連環境計画（UNEP）により賢人会議として1984年設立された。同委員会報告書「我ら共有の未来（Our Common Future）」で環境と発展を考えるキーワードとなる「持続可能な発展」という概念が提唱された。持続可能な発展とは「将来の世代のニーズを満たす能力を損なうことなく現代の世代のニーズを満たすような発展」のことで原文を**表1**に示した。

この概念は、現代の世代が開発によって環境や資源を利用する場合は将来の世代のことも考えて環境や資源を長持ちさせるように利用しなければならないと理解されている（地球環境研究会2003：12）。

持続可能な発展の重要な内容としては、自然のキャパシティ内での自然の利用、環境の利用、世代間の衡平、貧困の克服のような世界的に見た公正の3点が含まれる（大塚2010：49）。

その後、持続可能な発展の概念は1992年の「環境と開発に関する国連会議」（地球サミット）で採択された、「環境と開発に関するリオ宣言」の第一原則や気候変動枠組条約の第二条、第三条、アジェンダ21等で重要な原則として示されている。

2002年の持続可能な開発に関する世界サミット（WSSD）のヨハネスブルク宣言では環境保護・経済発展・社会発展を同等の価値として統合することが持続可能な

発展の基本要請であることが新しい考え方として示されている（堀口２０１２：１５６）。

ブルントラント委員会報告書の提唱から四半世紀を経て「持続可能な発展」の概念は今や現代および将来の「世界のあり方」を示すキーワードとしてその重要性は一層増している。

２　森林評価と国際的取り組みの歴史的概観[2]

森林の機能には大別すると経済機能と環境機能または公益機能があるが、時代や地域により、それらの機能に対する評価も変化してきている。森林資源が潤沢にある時代や地域では森林を開発し、木材資源として利用することや、畑地等他の土地利用に転換することなどの経済的機能が重視されたが、森林が減少し地球環境に大きな影響を与えるにつれ環境機能が重視されるようになってきた。森林経営の基本的な概念もこれらの機能の評価と密接につながっている。

国際的に世界の森林減少が注目されたのは１９８０年にカーター政権時代の米国政府が発表した「２０００年の地球」での世界の森林資源の分析で、当時の最新データから熱帯林の急速な減少に警鐘を鳴らしている。

１９８０年代後半には熱帯林減少が顕著になり、また、先進国での環境問題の高まりからブラジルのアマゾン川流域やマレーシア・サラワク州での熱帯林伐採反対運動、先進国での熱帯材不買運動等が世界的に注目された。このような背景の中で国連食糧農業機関（ＦＡＯ）、国連環境開発計画（ＵＮＤＰ）、世界銀行は熱帯林行動計画（Tropical Forest Action Plan：TFAP）を推進した。また、熱帯材の適正な貿易を目指して国際熱帯木材機関（International Tropical Timber Organization：ITTO）が国連の機関として1986年に横浜で設立された。1980年代の国際的な森林に対する取り組みは主に熱帯林を対象とした国際機関を中心とする実施活動であった。

一方、米国やカナダでも1980年代に原生林の伐採に対する環境保護団体による反対運動が活発化した。象徴的なのは米国、ワシントン州、オレゴン州でのマダラフクロウ保護[3]のための原生林伐採禁止問題である。シエラクラブ等環境保護団体が1990年マダラフクロウに対して米国の種の保存法に基づく絶滅危惧種の指定を裁判に訴えて認められた。その上でシエラクラブ等は1991年に種の保存法に基づき重要生息地の指定と指定地域での伐採の禁止を訴えて勝訴した。これにより広範囲の原生林での伐採活動が停止に追い込まれ、失業問題等社会的にも大きな問題となった。

写真1　米国の環境配慮施業

皆伐面積の縮小、渓流の両側にバッファーゾーンを設け、伐採制限等の規制が設けられた（遠方に見えるのが従来の皆伐）（米国ワシントン州2000年）

この事案は、環境保護団体が野生生物種の保護を法的手段に訴えたもので「自然の権利」訴訟と称される裁判として特筆されている。環境法の専門家からは「米国の種の保存法のもとにおいて共同原告とされた自然物と環境保護団体が勝訴したもの」として高く評価されている（山村・関根

表2　持続可能な森林経営の定義

「森林資源および林地は現在および将来の人々の社会的、経済的、生態的、文化的、精神的なニーズを満たすために持続的に経営されるべきである。これ等のニーズは木材、木製品、水、食糧、飼料、医薬品、燃料、住居、雇用、余暇、野生生物の生息地、景観の多様性、炭素の吸収源・貯蔵庫といった森林の生産物およびサービスを対象とするものである。」

1996)。ここでの自然物とはマダラフクロウであり、環境保護団体はシエラクラブ等である。

このマダラフクロウ事案は絶滅危惧種の生物種に生存権を認め、林業経営よりも生物種保護を優先させたもので、マダラフクロウか失業か、公益か私権かなど世論を二分とする歴史に残る問題となった。1993年4月、クリントン大統領によって「ティンバーサミット」がポートランドで開かれ、一応の決着を見たが、オレゴン州、ワシントン州の林業、木材業は大きな影響を受け、この問題をきっかけに米国の林業政策は環境重視へ大きく転換したと言われている。林業・林産業界にも大きな影響をもたらした。多くの企業は事業の重点を南部のパイン地帯に移し、1976年から15年間で木材生産量は南部は7・9%増加に対し太平洋沿岸部は6・4%低下している(村嶌1998：13)。

世界の森林に対する取り組みに転機をもたらしたのは1992年ブラジル・リオデジャネイロで開催された国連環境開発会議(UNCED、地球サミット)である。地球サミットでは森林問題、特に熱帯林減少が地球環境問題の重要な課題として論議され、環境保全と経済開発をめぐる南北問題の象徴的な問題としても重要なテーマとなった。地球サミットでは、地球環境問題として熱帯林のみならず世界の森林を対象に取り組むことが合意され、「森林原則声明」が採

表3　「アジェンダ21」森林関連分野の4つの計画分野

(1) 森林の多様な役割・機能の維持
(2) 森林の保全と持続可能な森林経営の強化および荒廃地の緑化
(3) 森林からの財・サービスの効率的利用の促進
(4) 森林および関連計画の作成・評価能力の確立および強化

出典：小林(2000)のP32、原典は平成4年度「林業白書」P153

択され、「アジェンダ21」セクションⅡ第11章で森林減少に対する行動計画が示された。「森林原則声明」では世界の森林マネジメント（経営・管理）の基本原則として持続可能な森林経営が提唱された。

3　持続可能な森林経営の定義と基準・指標

持続可能な森林経営は前出の1992年の地球サミットで採択された森林原則のarticle2(b)で提唱された森林マネジメント（経営・管理）の基本原則で**表2**のように定義されている。

この定義では森林の多面的な価値を社会的、経済的、生態的、文化的、精神的ニーズとして示しており、これらの5つのニーズが森林の価値を評価する基本的な項目といえる。これ等のニーズには森林の生産物とサービスを対象とし、具体的に13点を例示している。森林の多面的な価値を維持する為、森林保全の適切な対策をとるべきとこの定義は提唱している。

地球サミットで採択された「アジェンダ21」では世界のすべての種類の森林を対象に持続可能な森林経営の達成を目指すことが定められ、**表3**に示した4つの分野について行動の基礎、目的、行動実施手段が明記された。

持続可能な森林経営の達成状況を世界的に把握することが必要であるが、各

写真２　モントリオール・プロセス基準・指標現地研修会
ワールドフォレストセンター（ＷＦＣ）主催研修会、中央が住友林業（株）市川 晃シアトル支店長（当時）（米国ワシントン州1990年代末）

国は国連のUnited Nation Forum on Forests（ＵＮＦＦ）にその達成状況を毎年報告することになっている（後述）。

持続可能な森林経営の推進にはどのような基準で経営すればよいか、また、その達成度合いを把握するための指標が必要である。「アジェンダ21」では基準とは森林経営が持続可能かどうかを見るに当たり森林や森林経営について着目すべき点を示したもの、指標とは森林経営の状態を明らかにするために基準に沿ってデータやその他の情報収集を行う項目のことと規定している（小林２０００：18）。

基準・指標の作成が１９９２年から世界各地のグループ毎で進められ、雨後のタケノコのように世界で９つの主要な取り組みが生まれた。主なものはＩＴＴＯ加盟の熱帯木材生産国による「ＩＴＴＯの基準・指標」（１９９２・６）欧州の温帯林諸国によるヘルシンキ・プロセス（１９９４・６）欧州以外の温帯林等諸国で12カ国によるモントリオール・プロセス（１９９５・２）である。ヘルシンキ・プロセスは現在ではForest Europeと改名されている。

わが国はモントリオール・プロセスに参加しているが、２００７年1月から事務局となっている。参加国は米国、ロシア、中国、オーストラリア、ニュージーランド、メキシコ、アルゼンチン、チリ、

表4　モントリオール・プロセスの7基準　54指標

【基準1】生物多様性の保全(9指標)
【基準2】生物生態系の生産力の維持(5指標)
【基準3】森林生態系の健全性と活力の維持
【基準4】土壌および水資源の保全・維持(5指標)
【基準5】地球的炭素循環への寄与(3指標)
【基準6】長期的・多面的な社会・経済的便宜の維持増進
【基準7】法的・制度的・経済的な枠組み(10指標)

ウグルアイ、韓国、日本の12カ国でこれ等の国々の森林面積は世界の温寒帯林の8割、世界の森林面積の5割を占めている。

モントリオール・プロセスの7基準を**表4**に示したが指標は当初67指標あったのが2008年に54指標に簡素化されている(林野庁2010：60)。

4　持続可能な森林の国際的取り組み

1992年の地球サミット後国連では「アジェンダ21」等を受け森林に関する政府間対話の場が継続的に設けられている。その歩みを歴史的に概観すると国連経済社会理事会(ECOSOC)の下に持続可能な開発委員会(CSD)が設けられ、CSDの下に「森林に関する政府間パネル(IPF)」が1995年に設けられた。1997年にはその活動は「森林に関する政府間フォーラム(IFF)」に引き継がれた。2000年からはECOSOCの下で設置された前出の「国連森林フォーラム(UNFF)」で国際的な議論が続けられている。IPFやIFFでは1990年代に持続可能な森林条約をまとめるべく討議で続けられたが、2000年1月のIFF第4回会合でカナダ、ロシア、スイス、マレーシア等の森林条約作成推進派と、米国、ブラジル、ニュージーランドなど反対派の主張が平行線をたどりまとめることが出来なかった。ＩＦＦの結果として今後の条約作成の可能性をも残した形で、国連の下でＵＮＦＦを設け、今後も持続可能な森林経営の実施の促進や政策対話等を継続することで各国は一致した。[5] ２０００年時点の森林条約をめぐる国際情勢としては、従来の南北対立の構図は大きく変わり、先進国間の対立が明確に表れ、森林条約を含む森林に関する法的文書（Legally Binding Instrument）の合意は困難と思われた（林野庁２０１０：30）。

ＵＮＦＦ第６回会合（ＵＮＦＦ６、２００６年）でＵＮＦＦの今後のマンデート等につき、２０１５年までに法的拘束力を有さない国際枠組みの下で森林に関する４つの世界的目標（Global Objectives on Forest：GOFs）と持続可能な森林経営の推進を目指すことが合意された。ＧＯＦｓとは①森林の減少傾向の反転、②森林由来の経済的・社会的・環境的便宜の強化、③保護された森林および持続可能な森林経営がなされた森林面積の大幅な増加、④持続可能な森林経営のためのＯＤＡ減少傾向の反転の４つの世界的目標である。[6]

ＵＮＦＦ７（２００７年）では「すべてのタイプの森林に関する法的拘束力を伴わない文書（ＮＬＢＩ）」および「多年度作業計画（ＭＹＰＯＷ）」が採択された。[7] ＮＬＢＩの概要はＵＮＦＦ６で合意された森林に関する４つの世界目標（ＧＯＦｓ）を掲げた上で持続可能な森林経営促進のために①各国が講ずるべき25項目の国内政策および措置、②19項目の国際協力および実施手段が示されていることである。ＭＹＰＯＷではＵＮＦＦ８（２００９年）から11（２０１５年）の４回の会合を２年に１度開催することと各会合の具体的な議題が示されている。

各国はNLBIの実施状況を2年に1度報告しレビューを受けることになった。UNF10（2013年4月8日～19日、イスタンブール）ではNLBIのGOFsの実施状況を各国は報告することになっていた。[8] 提出したのはUNFF参加国約190カ国の内58カ国にすぎず、NLBIは有効なツールであるが、[9] 提出国が多くないのはNLBIの実行力を発揮させる上での課題であると思われる。

資金・技術協力等持続可能な森林経営の実施手段（資金提供、技術移転等）、世界森林基金（Global Forest Fund）の設立等については先進国と途上国の考え方に溝があり、引き続き検討することになった。UNFF11（2015年）では2007年から2015年までの活動評価が議題となる予定であった。2000年にUNFFが活動開始してから15年間を経て一区切りを迎えることになる。これに備え、UNFF11までに各国よりの評価、独立評価チームによる評価、専門家会合等を行うことが決定された。

2015年は国連にとって持続可能な発展に関する取り組みの重要な年である。国連ミレニアム開発目標（MDGs）国連総会、リオプラス20の持続可能な開発目標（SD Goals）会合等が予定されている。UNFF11もこれ等と連動することになり、開催時期の調整が国連経済社会理事会（ECOSOC）で行われる予定である。

第4節に関し林野庁計画課海外森林資源情報分析官永目伊知郎氏よりご教示、助言を受けたのでこの場を借りて謝意を表したい。

5　持続可能な森林経営の国際的取り組みの課題

持続可能な森林経営が、１９９２年に世界の森林マネジメント（経営・管理）のあり方として地球サミットでの森林原則声明、アジェンダ21で採択され、約20年が過ぎた。持続可能な森林経営の概念は今や世界の森林経営（管理）の金科玉条として定着している。この20年、持続可能な森林経営の世界の取り組み推進の為に国連や国際機関を中心に多国間協力、二国間協力で様々な取り組みに膨大な費用を投じて実施されてきた。

熱帯林の減少・劣化に歯止めがかからないことや、先進国の森林経営、林業や木材利用でも解決すべき課題は多くある。また、いくつかの国で違法伐採問題は未だに解決されていない。これ等の問題を考えると持続可能な森林経営の国連を中心とする取り組みに一定の成果はあったものの多くの課題は解決されていないと思われる。また、ＵＮＦＦ10（２０１３年）でＮＬＢＩ ＧＯＦｓの報告が58カ国に過ぎなかったことは国連ベースの取り組みの難しさの一端を窺い知ることができる。

持続可能な森林経営の推進の障害は資金問題であることを途上国から指摘されることが多い。この問題の解決策は森林問題のみならず社会・経済問題が深くかかわっており、当該国での国家予算の優先度や環境問題、土地利用計画等々と合わせた取り組みが必要なことは言うまでもない。資金援助の国際協力をめぐって、過去20年常に国際会議で先進国と途上国が対立してきたが、その構図は変わっていない。前出のＵＮＦＦ６（２００７年）で決定されたＧＯＦｓの④項や、ＵＮＦＦ10での資金提供問題、世界森林基金設立問題等は途上国の要求に沿う形で先進国が同意する可能性は少なく、持続可能な森林経営の推進の障害を取り除く直接的解決策にはなり難いと考えられる。

ＲＥＤＤプラス（第15講参照）は途上国の持続可能な森林経営の推進に新たな資金源として貢献する可能性がある。ＲＥＤＤプラスの取り組みに資金援助を得てプロジェクトを実施し、クレジットを創出できる途上国は当面インドネシア、ブラジル等新興経済国や東南アジアではベトナム等経済中進国やラオス等一部の国に限られていると思われる。森林減少が続き資金需要の大きいＬＤＣ諸国（後発諸国）でのＲＥＤＤプラスの実施は困難と見られる。従ってＲＥＤＤプラスによる資金の流入も大きな差ができ、持続可能な森林経営取り組みにも新たな格差が生じる可能性がある。

地球環境基金（Global Environment Facility：GEF）に持続可能な森林経営とＲＥＤＤプラスに関する資金枠があり、ＬＤＣ諸国での活用も可能であるが、使い勝手が悪い仕組みとも評されている。ＬＤＣ諸国にとって資金要請しやすい仕組みにすることも一案かと考えられる。

法的拘束力を持つ森林条約の合意形成は地球サミットの重要課題であったが、途上国の強い反対で達成できず、森林原則として森林問題取り組みの基本方向はまとめられた。森林条約に関する国連の下での交渉はＩＰＦ・ＩＦＦで10年近く続けられたが２０００年1月のＩＦＦ第4回会合で合意形成は見送られ、その後の交渉は２０００年に設置されたＵＮＦＦに委ねられた。

ＵＮＦＦ7でＮＬＢＩが決定されたことはＵＮＦＦは法的拘束力のある森林条約に見切りをつけ、法的拘束力のない形式での取り組みの現実路線に舵を切ったと言える。ＮＬＢＩは各国に計画を策定させ、その実施状況をＵＮＦＦに報告させ、評価を受けるのが基本的仕組みで、「誓約・審査方式(Pledge and Review)」の一方式と考えられる。ＮＢＬＩ参加国のすべては無理としても、大多数が約束に基づき報告し評価を受けないことにはＮＢＬＩは実行力が担保された効果のある取り組みとはならない。ＵＮＦＦ10での報告が参加国約１９０カ国の内58カ国にすぎないことは、「誓約・審査方式」が活かされずＮＬＢＩが実行力を伴った取り組みに現状ではなっていないからであると思われる。

持続可能な森林経営の世界レベルでの取り組みを実のあるものにするにはＮＬＢＩを「誓約・審査方式」として成功させることが現実的な取り組みとして必要と考えられる。現状からすれば、世界の森林での持続可能な森林経営(管理)の達成への道は厳しいと言わざるを得ない。

世界の持続可能な森林経営をリードしてきた国連での森林問題取り組みの総決算はＵＮＦＦ11(２０１５年)での活動評価とも言え、その取りまとめに注目したい。

6　まとめ

持続可能な森林経営の国際的な取り組みがはじまって20年が過ぎたが、解決すべき課題は多い。ＵＮＦＦ10でのＧＯＦｓの報告、資金問題等を見ても国連ベースでの取り組みの難しさが表れている。ＵＮＦＦは森林条約から法的拘束力のないＮＬＢＩでの取り組みに舵を切っているがＵＮＦＦ11での活動評価でその成果が問われることになると考えられる。次講はわが国の持続可能な森林経営の取り組みにつき述べたい。

注

[1] 1980年に国連環境計画が発表した「世界環境保全戦略」に「持続可能な発展」の用語が初出（地球環境研究会2003：30）。

[2] 第3章、第4章の一部はKobayashi（2011）を引用した。

[3] Northern Spotted Owl, シマフクロウとも訳されている。

[4] 「森林・林業白書 平成22年版」（林野庁2010）61頁およびhttp://www.montrealprocess.org

[5] http://www.mofa.go.jp/mofaj/gaiko/kankyo/index.html で国連における森林問題への取り組みにアクセス。

[6] 同右[5]および林野庁（2010：60）。

[7] NLBI : Non Legally Binding Instrument on all types of forests
MYPOW : Multi-Year Programme of Work

[8] http://www.un.org/esa/forests/reports-unff10.html
http://www.rinya.maff.go.jp/kaigai/UNFF
googleのUNFF10でもダウンロードできる。

[9] 林野庁永目森林資源情報分析官による。

文献

大塚　直（2010）『環境法（第3版）』、有斐閣。

外務省ＨＰ、「日本の国際協力（ＯＤＡと地球規模課題への取組）」http://www.mofa.go.jp/mofaj/gaiko/kankyo/index.html（２０１３年４月確認）

北村喜宣（２０１３）『環境法（第２版）』、弘文堂。

小林紀之（２０００）『21世紀の環境企業と森林』、日本林業調査会。

地球環境研究会（２００３）『地球環境キーワード辞典』、中央法規出版。

堀口健夫（２０１２）「「持続可能な発展」概念の法的意義」、『環境法大系』所収、商事法務。

村嶌由直（編）（１９９８）『アメリカ林業と環境問題』。

山村恒年・関根孝道（編）（１９９６）『自然の権利』、信山社。

林野庁（２０１０）「森林・林業白書 平成22年版」。

Kobayashi. N.(2011) "Sustainable forest management and evaluation of carbon sinks", in *Designing Our Future*, Edited by Mitsuru Osaki, United Nation University Press, pp. 109～111.

第3講　わが国の森林・林業の動向

第2講は持続可能な森林経営に関する概念の解説やその国際的取り組みの経緯と現状を述べたが、本講はわが国での持続可能な森林経営に対する森林政策での取り組みの経緯を1992年から2000年にかけて「林業白書」の関連部分を分析して示し、国際的な取り組みに比べてなぜ国内での取り組みが遅れたかを「保続林業」との関連で明らかにしたい。

さらに、持続可能な森林経営を個々の森林経営で客観的に証明する手法としての森林認証制度の世界と日本の現状と、東京オリンピックに向けての対応について述べたい。

1　持続可能な森林経営に対するわが国での政策的な取り組み

わが国において、森林政策の側面で持続可能な森林経営がどのように位置づけられてきたのかを持続可能な森林経営が「森林原則声明」で1992年5月に提唱されてから2000年にかけての「林業白書」(以下白書)の記述から概観したい。

1992年4月発行の平成3年度白書から1998年発行の平成9年度白書までは、平成8年度白書のメインテーマに見る如く、林業・木材産業の活性化に重点が置かれ、持続可能な森林経営は熱帯林問題の重要な課題として国際協力の分野での取り組みの中で記述されていたにすぎない。

持続可能な森林経営の概念が国内の森林政策での重要課題として明確に示されているのは、林政の大きな転換期を迎えた1999年に発行された、平成10年度白書と思われる。平成11年度白書ではさらに一歩踏み込んで国際協力は勿論のこと、国内においても新たに持続可能な森林経営に向けての取り組みが必要なことが述べられている。

次に各年度の「林業白書」での持続可能な森林経営に関する記述を分析していきたい。

平成3年度白書では4頁にわが国の森林・林業の課題と対応方向として「経済的な価値と公益的な価値を両面にわたって実現する森林管理の在り方が求められている」と述べられているものの、持続可能な森林経営については熱帯林問題の国際会議での課題(5頁)、採択予定の森林原則声明に関する記述(109頁)で簡単に触れられているにすぎない。

平成5年度白書は森林・林業、木材産業の30年回顧と展望を特集しているが、わが国の持続可能な森林経営を次のように評価している。わが国の林業は「森林資源を多様に利用するとともに、森林の公益的機能を高度に発揮させつつ営まれてきた。（中略）昭和20年代半ば以降、我が国全体としては基本的に成長量以上の伐採は行われていない。このようなことから、我が国において、持続可能な森林経営が行われてきたと言えよう。」（同白書17頁）また、「『森林の保全と持続可能な経営』の考え方は、森林・林業において提起された注目すべき人類の戦略目標である」（4頁）とも述べている。

しかしながら、国内の林業政策で「持続可能な森林経営」の考え方をどのように活かすかの具体的記述は見られない。

平成6年度白書は「森林文化」をメインテーマとしている。「森林文化」の定義は「森林を保全しながら有効に利用していく知恵やその結晶としての技術、制度およびこれ等を基礎とした生活様式の総体」としている（同白書4頁）。そして、「森林文化」の本質として「共生」、「循環」、「参加」をあげている。近代以降の森林文化の展開として「収穫の保続」と森林造成が図られてきたことを述べている。「収穫の保続」の考え方を、「計画的な伐採による木材の安定的、持続的供給の確保を通じて豊かな国民生活の形成に寄与するものである」と定義している（同白書24頁）。

持続可能な森林経営に関しては国内の森林政策では触れておらず、世界的にその取り組みが活発化していること、基準・指標作りが進んでいることなどが紹介されているにとどまっている。

1996年11月に国有林野事業再建の「破たん」が大きく報道され、同事業の抜本的見直しに社会

写真1　定山渓国有林

モントリオール・プロセスにもとづく基準・指標のモニタリング調査地（林野庁、森林総研　2000年6月）

的な関心が高まった[1]。平成7年度、8年度、9年度白書は、林業、木材産業の活性化や国産材供給の課題などをメインテーマにしている。平成9年度白書は第Ⅰ章に国有林野事業の抜本的改革を取り上げ、多くの頁数をさいている。第Ⅳ章で持続可能な森林経営の達成に向けての取り組みに一つの章をさいているが、国内政策面にくらべ国際協力面に多くの記述をさいている。国内での推進については森林の多面的な機能の維持・増進、森林生態系に関する調査研究とモニタリング手法の検討、森林整備の推進体制の強化の3施策を示しているが、具体的内容に乏しいと思われる（同白書146頁）。エコシステム・マネジメントに向けて森林生態系に関する調査研究とモニタリング手法の検討を始めることが目新しい取り組みと言える（同白書148頁）（**写真1**）。なお、同白書では森林認証ラベリングについて初めて紹介している（同白書130頁）。

わが国で本格的に持続可能な森林経営の取り組みが国内の森林経営で始まったのは前述のように2000年になってからと考えられる。

2　持続可能な森林経営と保続林業

わが国で国内の森林政策に持続可能な森林経営の概念が定着してきたのは2000年代に入ってからと思われる。提唱されてから10年近い年月を要したのは、森林・林業関係者に保続林業へのこだわりがあったからではないかと考えられる。

かつて私が勤務していた企業は100年以上森林経営を生業とする国内有数の林業会社で、大学で林学を学んだ社員が100人以上国内外で勤務していた。社員の間で、持続可能な森林経営と保続林業の概念はどう違うのかという議論が、1990年代によくおこった。私は両者は概念として異なると考えていたが、長年山林部で森林経営に携わってきたベテランの林業技術者には両者は同じ概念だと主張する者も少なくなかった。研究者にも様々な意見があると思うが、本節では改めて両者の概念の違いを考えてみたい。

わが国の森林管理の基となる伝統的に重要な概念は、1897年に森林法が制定されて以来一貫して森林の「保続培養」の概念で、[2]現在の森林法第1条、目的の最初に示されている。この概念の解釈は時代とともに変化してきたが、林業振興の結果として森林資源の保続培養で実現できるという、後述するいわゆる「予定調和」が伝統的な考え方と言える。

「保続培養」の原則では、法制林[3]に仕立てるのが林業経営の目的とされてきた。「保続」に関して、北海道の森林にも縁の深い畠山武道教授は次のように分かりやすく説明しておられるので紹介しておきたい。「『保続』とは、一般的に『将来永久にわたり木材収穫を絶やさないように持続させる』というほどの意味に過ぎなかったが、それがドイツの法制林思想および林業技術体系と結びつき、森林管理の理想とされた」(畠山 2004：75)。「保続培養」の字句は明治以来使われているが、その意味するところは時代とともに変遷しているのは、社会の森林に対するニーズの変化を考えるならば当然のことである。次に、「予定調和論」と持続可能な森林経営の概念との違いを考えてみたい。

予定調和論の代表的な考え方として先ず、遠藤日雄教授の次の説を紹介しておきたい。

「林業基本法下の森林政策の考え方は、森林所有者の適切な林業生産活動が結果として森林を保全、さらには山林の活性化を進めていくというものであった。この考え方が『経済性と公共性の予定調和』と言われるものである。」(遠藤 2008：56)、と述べておられる。

分かりやすく述べると、持続可能な森林経営の概念では森林の持つ多様な機能(多面的機能)をそれぞれ等しく活かすことが森林経営の大前提となっている。従って木材等の生産の為の林業生産活動は多面的機能の一部と位置づけられる。一方、保続林業では木材等の生産の為の適切な林業生産活動を森林経営の第一の目的とし、その結果として、将来にわたって森林の保全が維持できるとする考え方である。1992年の国連環境開発会議で採択された森林原則で提唱されている「持続可能な森林経営」の概念と予定調和論に基づく保続経営の概念はその意味するところが微妙に異なることが読者にも理解して頂けたと思われる(**写真2**)。

1990年代に森林経営が産業として成立しなくなり、予定調和的な考え方も合わなくなってきた。２００１年森林・林業基本法が制定され、林業生産中心の政策から森林の多面的機能の持続的発展を図る政策へと転換された。２０１０年４月の森林法改正は産業としての林業復興で国産材供給50％を旗印とする林業生産を重視した改正である。改正の主旨に「森林所有者がその「責務」を果たし、森林の有する公益的機能が十全に発揮されるよう措置」と記されている。これらから見て今回の改正は予定調和論に戻ったとも考えられる。

写真２　持続的に経営されている下川町町有林
トドマツ、アカエゾマツ人工林、60年サイクルで経営。FSC認証林、J-VER認証林（写真提供：下川町）

３　世界と日本の森林認証制度

(1)　定義と歴史的経緯

持続可能な森林経営をめぐる国連や政府間の取り組みとともに、１９９２年の地球サミットを契機として民間での取り組みが森林認証や環境ラベルで世界的に本格化した。

森林認証制度は後述の方法で森林を認証するとともに、認証された森林から産出された木材および木材製品（認証材）、紙製品を分別し、表示管理することにより、消費者の選択的な購入を促す仕組みである（林野庁２０１４：88、一部改変）。製品の認証のことをＣｏＣ認証（Chain of Custody）と称している。

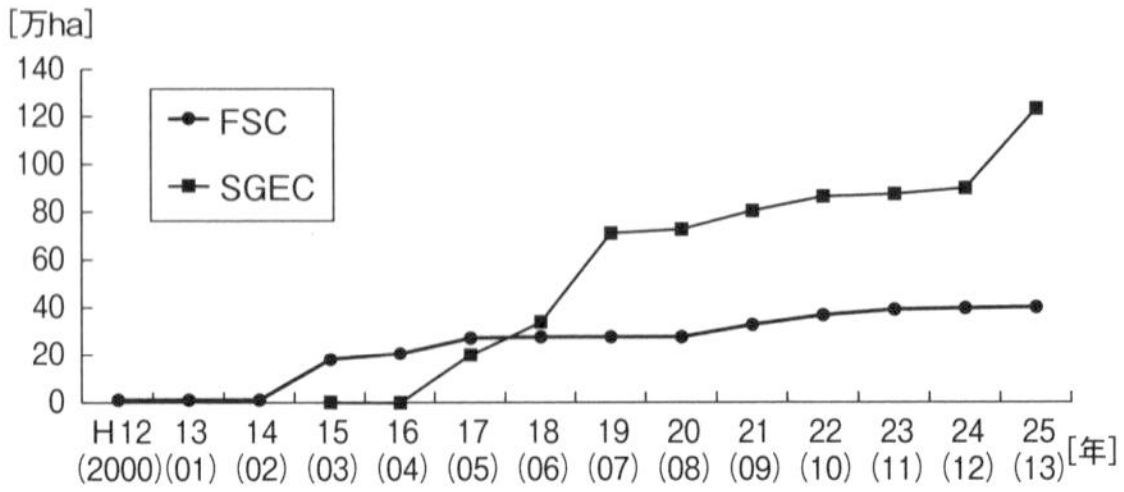

図１　わが国におけるFSCおよびSGECの認証面積の推移

資料：FSCおよびSGECホームページより林野庁企画課作成。

出典：林野庁 2014：88

森林認証は、対象とする森林が森林保全に配慮し、森林の多面的な機能が持続的に将来にわたり維持できるようマネジメント（経営・管理）されていることを認証する制度である。あらかじめ定められた基準・指標に基づき客観的に第三者機関により審査された上で認証される仕組みである。

１９８０年代の欧州や米国での熱帯材不買運動等を背景として環境ＮＧＯ等により提起されたことにより始まった。世界的規模の森林認証制度は１９９３年に設立されたForest Stewardship Council（ＦＳＣ）が最初で、１９９８年にはＩＳＯでＩＳＯ１４００１環境マネジメントシステムを森林経営に適用する為のＩＳＯ／ＴＲ１４０６１が発行され、ＩＳＯ版の森林認証と位置づけられた[4]。その後２００３年に相互認証制度としてProgram for The Endorsement of Forest Certification Scheme（ＰＥＦＣ）が設立された。現在ではＦＳＣとＰＥＦＣが世界の森林認証制度の二大潮流となっている。森林認証面積の合計はＰＥＦＣが約２億５千万ヘクタール、ＦＳＣが約１億９千万ヘクタールと報告されている（２０１３年12月現在）。日本独自の制度としては２００３年に緑の循環認証員会議

(Sustainable Green Ecosystem Council：SGEC)が設立されＳＧＥＣ森林認証制度が生まれ、ＦＳＣと共に日本の森林認証制度として定着している。[5] なお、両制度のわが国の認証面積の推移は**図１**のとおりである。

(2) ＳＧＥＣの概要

日本独自の認証制度はＳＧＥＣであるが日本林業協会等林業団体を中心に設立され、森林認証とＣｏＣ認証に取り組んでいる。森林認証基準は7の基準からなっており、モントリオール・プロセスに準じている。認定機関はＳＧＥＣで、認証機関は㈳日本森林技術協会等6機関がある。[6] ＳＧＥＣの森林認証面積は２０１４年3月現在約１２５万㌶と報告されており、ＳＧＥＣでも日本の森林面積の５％にも達していない。ＣｏＣ管理事業体は３７６社となっている。

現在、ＳＧＥＣの最大課題はＰＥＦＣとの相互認証取得によるグローバルスタンダード化による国際連携である。ＰＥＦＣはすでに31カ国の森林認証制度との相互認証の取り組みを進めて、アジアの諸国もＰＥＦＣとの相互認証を進めており、[7] ＳＧＥＣにとっても次の理由により急務となっている。ＳＧＥＣがＰＥＦＣとの相互認証を必要とする理由は第1に２０２０年東京オリンピック・パラリンピック（以下、東京オリンピック）関連施設では国際的な認証材を使うことが〝標準〟となると見られていること。第2にＳＧＥＣを国際標準規格にし、ＳＧＥＣ認証国産材を国際商品の地位に高め、国産材輸出の後押しをすることである（日本林業調査会２０１４ａ：８、９、２０１４ｂ：10）。

ＳＧＥＣは２０１４年8月「ＰＥＦＣ日本認証管理団体」としてＰＥＦＣに加盟した。ＳＧ

ＥＣの認証規格（基準等）の中味には大きな問題がないと見られている。ＰＥＦＣのストリート会長は２０１４年10月31日東京での会見でＳＧＥＣの知識、技量とも十分と評価し、２０１５年秋には相互承認手続きが完了するとの見通しを示している（日本林業調査会２０１４ｂ：10）。

認証実務に向けての課題として次の点が浮上している。第一に新たな費用負担問題で、ＰＥＦＣ本部への納入金が必要となる。[8] 第２の課題は認証機関のＩＳＯ／ＩＥＣ１７０６５の取得である。ＩＳＯ／ＩＥＣ１７０６５は認証機関の要件を定めた規格で、ＰＥＦＣは認証機関が取得しこの規格の厳格な適用を必要としている。認証機関は規格の要件を整えて、日本適合性認定協会（The Japan Accreditation Board for Conformity Assessment：JAB）に申請し認証取得する必要があり、費用負担が発生する。ＳＧＥＣ認証機関の内、日本森林技術協会が２０１４年８月に認証申請をしている。他の機関も認証取得しないことには認証の実務が停滞することは明白で、ＳＧＥＣにとっての当面の最大の課題と考えられる。

(3) ＰＥＦＣ概要

ＰＥＦＣは当初、ヨーロッパの11カ国の民間団体によりPan European Forest Certification Schemes（旧ＰＥＦＣ）として１９９８年に設立された。旧ＰＥＰＣはヘルシンキ・プロセス（第２講、３参照）の基準、指標に基づきＩＳＯ／ＴＲ１４０６１をベースに構築された制度であった。旧ＰＥＦＣは２００３年にその活動を世界に広げるべくProgramme for the Endorsement of Forest Certification Schemes（ＰＥＦＣ）として設立された。ＰＥＦＣはヘルシンキ・プロセス、モントリオール・プロセスや「ＩＴＴＯの基準・指標」等の基準・指標に基づく各国の認証制度を認定する相互認証（endorsement）制度として、ジュネーブに本部を置き活動している。わが国では２００４年にＰＥＰＣアジアプロモーション（喜多山繁理事長）として日本事務所を開設している。相互認証国数、認証面積は既述のとおりであるが、国別で上位６カ国はカナダ１・２億㌶、米国３１００万㌶、フィンランド２０００万㌶、スウェーデン９６０万㌶、ドイツ７４０万㌶、オーストリア２７０万㌶と報告されている（林野庁２０１４：88）これら６カ国合計は１・９億㌶でＰＥＦＣの認証面積の76％を占め、現状では欧州と米国に遍在している。

(4) ＦＳＣの概要

ＦＳＣは１９９３年、メキシコ・オアハにメキシコ法人格の非営利会員組織として設立され、２００２年にドイツ・ボンに事務局機能を実質的に司るドイツの法律に基づく有限責任組織を設立している。ＦＳＣの認証審査活動は世界各地の認定機関が行っているが、その認定評価等を行うのはAccreditation Service Internationalと言う組織が行っている（前澤２０１４：２）。

ＦＳＣには森林認証（ＦＭ認証）と認証材にチェックツリーマークをつけるＣｏＣ認証がある。ＦＭ認証は「森林に関するＦＳＣのPrincipal and Criteria」に基づき審査・認証されるが、Principal（原則）は10原則あり、この下に56のCriteria（規準）がある。原則では、情報公開や透明性が求められるのは勿論であるが先住民の権利（原則３）、保護価値の高い森林の保存（原則９）や植林での天然林の復元・保全の推進（原則10）等を重視している。２００９年から原則と規準の大幅改定作業を始め、２０１２

図2　SGEC、PEFC、FSCのロゴマーク

年2月に最終案が承認されているが、まだ運用に至っていない。また、ＦＳＣでは「管理木材」と言われる5項目の事項を満たした木材を一定の規定の下で認証原材料に含めることができる手法の国内版を現在策定中である（前澤２０１４：６）。

わが国にはＦＳＣの認証機関は２０１４年末現在はないが、ＷＷＦＪＡＰＡＮと関係のある特定非営利活動法人日本森林管理協議会がＦＳＣの窓口組織となっている。

ＦＳＣの森林認証面積は既述のとおりであるが、主要6カ国の国別認証面積は、カナダ６２００万㌶、米国１４６０万㌶、スウェーデン１２００万㌶の３カ国がダントツに多く、続いてドイツ57万㌶、フィンランド46万㌶、日本40万㌶である（林野庁２０１４：88）。上位３カ国で約８８６０万㌶と全認証面積の5割近くを占めている。ＣｏＣ認証は１１３カ国、２７７６０件、日本では１１１２件、中国３５０７件と報告されている（前澤２０１４：３）。

(5) 東京オリンピックとわが国の森林認証制度の課題

①森林認証制度の課題

森林認証制度は熱帯林伐採反対運動のひとつとして環境保護団体により１９８０年代後半に始められたものであるが、熱帯林諸国では一部にしか普及していない。温、寒帯林を有する先進国には普及

しているものの欧米の一部の国々に偏在している。

森林認証制度が世界で広く普及しない理由は、森林所有者にとって費用と労力をかけて認証取得する経済的メリットが少ないこと、つまり費用対効果が低いことが考えられる。

森林認証の普及している欧米諸国のPEFCとFSCを合わせた認証森林の割合はフィンランド97%、スウェーデン77%、ドイツ72%、オーストリア30%、カナダ58%で（林野庁２０１４：88）、いずれの国も木材製品、紙製品な有力な輸出品である。

一方、わが国の現状を見ると、SGECが5%、FSCが2%で両者を合せても数%にすぎず上記5カ国にくらべると極めて低い普及率である。これは、森林所有者にとって認証取得のコスト負担や、消費者の森林認証制度に対する認知度が比較的低く[9]、認証材の選択的な消費につながってこなかったことによると考えられている（林野庁２０１４：89）。

②東京オリンピックに向けてのわが国の対応

東京オリンピックで使用する木材、紙製品は前述のように国際的な森林認証材（オリンピック認証材と称す―筆者注）が標準となる公算が高い[10]。一方、オリンピックでの国産材利用推進の要望が関連業界、行政等から挙がっている。オリンピック認証材と国産材利用、この両者のギャップを埋め東京オリンピックを国産材利用拡大の機会にすることはわが国の森林・林業の振興に役立つことと考えられる。

現在わが国で広く普及している合法性証明材、持続可能性証明材がオリンピック認証材として認められるに越したことはない。しかしながら、これらの証明材はわが国独自の国内制度により認められたもので、オリンピック認証材として求められるPEFCやFSCのような国際的な認証制度には適合していない。

現在、わが国の森林認証面積は数パーセントにすぎず、ここから搬出された木材だけではオリンピック施設で必要とされる木材の一部しか現状では供給できない。現状のままでは欧米の認証材が優位になる可能性が高い。

そこで対策として考えられるのは次の諸点である。第1にオリンピック関係団体と行政、木材関連団体とでオリンピック認証材の対象とする森林認証制度と要件を協議することである。[11] 第2にSGECのPEFCとの相互承認を急ぐと共に認証機関の整備を急ぐこと、第3に森林認証、CoC認証普及の政府による後押しである。また、経済的な面で認証取得が困難な中小事業者への支援策の検討も公平性の観点から必要と考えられる。

森林認証制度は本来、消費者の選択をテコに市場ニーズから森林マネジメントに環境配慮や持続性を求める仕組みである。わが国では森林認証制度の認知度は低く市場ニーズから制度が普及するとは考えにくい。オリンピックによる市場や国産材の海外市場のニーズにより森林認証制度が普及する可能性はあると思われる。

注

［1］1996年（平成8年）11月5日　讀賣新聞第1面。

［2］森林の「保続培養」は保続林業の概念と同意義として考えられる。

［3］法制林とは長期的な森林経営計画をたて、伐期齢（輪伐期）を定め、経営面積を伐期齢で割った面積（蓄積）を毎年伐採し、それに見合う植林をし永続的に木材生産が出来る森林のこと。例えば60年を輪伐期とすれば毎年60分の1伐採し、その分植林する。

［4］その後、ISOではISO／TR14061に基づく森林認証は発展的に解消し新たな認証活動は行っていない。理由はPEFCはじめカナダ、欧州等各国の森林認証の活動に活かされて重複を避けるためと思われる。なお、認証取得面積は1990年代末には約2500万㌶に達していた。

［5］森林認証制度の詳細については小林（2000）を参照されたい。

［6］「認証」と「認定」の定義。認証（certification）とは規格（または基準、規準―筆者注）の適合性を第三者が確認する行為であり、認定（accreditation）とは、認証を行う機関や人が一定の能力をもち、公正・透明な判断を行える状態にあることを認めて信用を与える行為である（大塚　直（2010）：120）。世界の様々な分野の認証制度は国際標準化機構（International Organization for Standardization：ISO）に基づいて認証、認定の仕組みが構築されること多い。

［7］マレーシアのMTCS（Malaysian Timber Certification System）、中国のCFCC（China Forest Certification Council）、インドネシアは相互認証済み。韓国、フィリピン、タイ、ミャンマー、ベトナム、インド等15カ国もPEFCと準備をはじめている（日本林業調査会2014a：9、2014b：9）。

［8］森林認証費用は少額の負担ですみそうだが、CoC管理事業体については、認証書1件あたり1万5000円程度の負担増が見込まれる（日本林業調査会2014a：9）。

［9］FSCの認知度は5％と低い（前澤英士2014：3）、SGECの認知度データはないがFSCより低いと推定される。

［10］2012年ロンドン・オリンピックではFSCとPEFCの認証材が認められ、ロンドンオリンピックパーク等は認証木材割合95～100％で建設された。2016年リオ・オリンピックではFSC、PEFC、CERFLOR（ブラジル国内の認証制度）の認証材のみが認められている（前澤英士2014：8）。

［11］リオ・オリンピックではCERFORが認められているが承認された要件を参考にすること。またSGECの第三者認証機関として申請中の機関も認めること等。

文　献

遠藤日雄（2008）「日本の森林政策」、『現代森林政策学』所収、日本林業調査会。

小林紀之（2000）『21世紀の環境企業と森林』、日本林業調査会。

畠山武道（2004）『自然保護講義（第2版）』、北海道大学図書刊行会。

林野庁（2014）「森林・林業白書平成26年版」。

大塚　直（2010）『環境法（第3版）』、㈱有斐閣。

日本林業調査会（2014a）「林政ニュース」（第492号、平成26年9月10日）、日本林業調査会。

日本林業調査会（2014b）「林政ニュース」（第497号、平成26年11月19日）、日本林業調査会。

前澤英士（2014）「FSC森林認証制度の展開状況と今後」『山林』1563号、2014・8、大日本山林会。

第４講　地球環境問題とリオ宣言

地球規模の環境問題が世界的な関心をよんだのは１９８０年代からで、その取り組みの大きな転機となったのは１９９２年の国連による環境と開発に関する国連会議（地球サミット、リオサミット、ＵＮＣＥＤ）と考えられる。地球サミットでは５つの重要な宣言、条約等が採択され、21世紀に向け人類の進むべき方向を示し、環境問題取り組みの新しいパラダイムを開いたと評価された。しかしながらその後20年を経て、第３講で述べた持続可能な森林経営の取り組みに見るように、多くの地球環境問題は解決されず、地球温暖化問題のように深刻度を増している問題が多い。

森林・林業は環境問題と深く関係しており、特に企業は環境問題の取り組みなしでは経営は成り立たないと考えられている。

第４講、第５講は地球環境問題、第６講は日本の環境問題を述べたい。

2013年（平成25年）6月17日（月曜日）

じゃかるた新聞

Menara Thamrin 305
Jl. M.H. Thamrin Kav. 3
Jakarta 10340
Phone : 62-21-230-3830

Rp.13,500

編集協力 びすく社
© PT. BINA KOMUNIKA ASIATAMA, BYSCH
License No.506/SK/MENPEN/SIUPP/1998

火災地点急増、78カ所に
今年もマレーシアに煙害

リアウ州

気象地理物理庁（BMKG）は15日、米海洋大気局（NOAA）の気象観測衛星がスマトラ島リアウ州内で78カ所の火災などの高温地点（ホットスポット）を観測したと発表した。マレーシアでは同島からの煙害（ヘイズ）による大気汚染が報じられており、雨期に入るまで深刻化する恐れもある。

煙害の中を自転車で通学する子ども＝2011年7月、リアウ州

BMKGリアウ支部が国営アンタラ通信に明らかにしたところによると、島全体では110カ所のホットスポットが観測された。同島中心部に位置するリアウ州ではプラワン県（23カ所）、シアク県（12カ所）、インドラギリ・ヒリル県、クアンタン・シンギンギ県、ロカン・フル県（いずれも7カ所）など、全市・県で観測された。

14日の観測ではホットスポットは41カ所だったが、1日で大幅に増えた。同支部はリアウ州全体が乾期に入っており、干ばつが続いているため、山火事は当分続くとみている。

インドネシアでは、乾期に入ると企業・住民による焼き畑などが原因の山火事が頻発。特にリアウ州では可燃性の泥炭地が広がっており、鎮火しにくい。山火事は森林焼失に加え、煙による大気汚染が近隣住民の健康に悪影響を及ぼし、視界不良で航空機の運航に支障を及ぼすこともある。

煙害は毎年乾期になると国境を越え、国際問題になる。マレーシアの地元紙によると16日午前、スマトラ島からの煙が原因とみられる大気汚染により、国内6カ所で「軽微な汚染」とされる大気汚染指数（API）101〜129を観測。首都クアラルンプールでは「軽微な汚染」に近い92を観測した。AFP通信によると1997〜98年に東南アジアで起きた大規模煙害で、観光業などに計90億ドル（当時レートで1兆120億円）の経済損失が出た。

インドネシア政府は焼き畑防止の広報活動や人工降雨による消火を検討するなど、対策を急いでいる。

図1　「じゃかるた新聞」記事

1　インドネシアの山火事とわが国のPM2・5問題

2013年6月中旬、インドネシアを訪問したときにスマトラ・リアウ州での山火事（野焼き）による煙害（ヘイズ）で地元のみならずマレーシア、シンガポールなど周辺国に大きな被害を与えていることが大きな問題となっていた（図1）。煙害問題から見ればインドネシアと周辺国との間の国際環境問題である。山火事による大量のCO_2排出による地球温暖化の加速や森林減少、生物多様性への影響から総合的に見ると地球環境問題と言える。

次にわが国で2013年4、5月におこった微小粒子状物質PM2・5[1]について考えてみよう。中国における深刻な大気汚染の発生を受け、原因物質の一つであるPM2・5が大陸から日本に飛来し、健康に被害をおよぼすのではないかと心配されている[2]。この問

題をめぐって2013年5月7日に第15回日中韓三カ国環境大臣会合（TEMM15）で議論されているが、日中韓の国際環境問題と言えよう。PM2・5による大気汚染は人体への影響のほか、気候変動にも大きな影響をおよぼすと言われている。[3] この点から見ると地球環境問題とも言える。

2　地球環境問題の定義と諸現象

前記の事例で見たように、二国間や隣接する国々、地域で起こる環境問題を国際環境問題、地球規模の問題を地球環境問題と言うことができる。地球環境問題の定義のいくつかの説を次に示したい。最も分かりやすい定義は、「人間活動の結果が地球規模の影響をおよぼすような諸現象を指す」（地球環境研究会2008）という説を思われる。法的な定義としては、「国家主権のおよばない区域または事柄に関する問題を指す（国際環境問題も含めることが多い）」（淡路ら2002）との説がある。環境基本法第2条2項では、諸現象を例示し次のように定義している。「温暖化またはオゾン層破壊の進行、海洋の汚染、野生生物の種の減少、その他地球の全体またはその広範な部分の環境に影響をおよぼす事態」。

地球環境問題の諸現象は次の8分野と開発途上国における環境問題を指すのが一般的で、地球の温暖化、オゾン層の破壊、酸性雨、海洋汚染、有害廃棄物の越境移動、生物の多様性の減少、森林の減少、砂漠化、開発途上国等における環境問題である。

地球環境問題に関する条約の対象として領域的に次のように分類することができる（岩間

2003)。

すなわち、国家領域内が対象(領域主権のおよぶ範囲)のもの、国際公域が対象(公海、宇宙)のものおよび、地球的関心事項(グローバル・コモンズ)のものである。

3　地球サミットとリオ宣言

(1)　地球サミットの成果

1992年の地球サミットでは5つの宣言、条約等が採択された。

・環境と開発に関するリオ宣言(リオ宣言)
・アジェンダ21
・気候変動に関する国際連合枠組条約(気候変動枠組条約)
・生物の多様性に関する条約(生物多様性条約)
・森林原則声明

リオ宣言は地球環境問題取り組みに関する世界共通の27項目の原則を宣言したもので、基本的な理念もしくは考え方を示したものと言える。リオ宣言を実現していくための行動計画を示したものがアジェンダ21である。

気候変動枠組条約と生物多様性条約は地球環境問題の最重要課題の世界の取り組み、各国の責務の基本事項を条約として規定したものである。

森林原則声明は第2講で述べたが、持続可能な森林経営（管理）に向けての原則を示している。地球サミットの成果を今改めて確認すると、その重要性が認識できる。冒頭に述べたように残念ながら多くの問題解決は未達で一層の取り組みの強化が必要と考えられる。

(2) リオ宣言

①リオ宣言の原則と地球益　27の原則は環境と開発（発展）の両方に向けての世界共通の原則を示している。この原則のいくつかは環境法の理念もしくは考え方として世界および各国の環境問題取り組みに当っての基本となっている。リオ宣言の中で環境法の理念となっているのは次の諸原則である。[4]

第1原則　持続可能な開発
第2原則　開発に関する主権と環境への責任
第7原則　共通であるが差異のある責任
第15原則　予防原則
第16原則　汚染者負担原則

これ等以外も第10原則 市民参加、市民の司法、行政手続きでのアクセス等のようにいずれの原則も重要な原則である。また、リオ宣言の文言には記されていないが根底に流れているのは地球益の考え方と思われる。地球益とは国際法によって保護される国際社会全体に共通する利益のことで、[5]拙著「温暖化と森林 地球益を守る」（2008年㈱日本林業調査会）や「地球温暖化と森林ビジネス」（2003年同上刊）のサブタイトルにもしているが、地球環境問題で最も重視すべき考え方である。

表1　環境と開発に関するリオ宣言

原　則	内　容
第1原則	人類は、持続可能な開発への関心の中心にある。人類は、自然と調和しつつ健康で生産的な生活を送る資格を有する。
第2原則	各国は、国連憲章及び国際法の原則に則り、自国の環境及び開発政策に従って、自国の資源を開発する主権的権利およびその管轄または支配下における活動が他の国、または自国の管轄権の限界を超えた地域の環境に損害を与えないようにする責任を有する。
第7原則	各国は、地球の生態系の健全性及び完全性を、保全、保護及び修復するグローバル・パートナーシップの精神に則り、協力しなければならない。地球環境の悪化への異なった寄与という観点から、各国は共通のしかし差異のある責任を有する。先進諸国は、彼等の社会が地球環境へかけている圧力および彼等の支配している技術および財源の観点から、持続可能な開発の国際的な追及において有している義務を認識する。
第15原則	環境を保護するため、予防的方策は、各国により、その能力に応じて広く適用されなければならない。深刻な、あるいは不可逆的な被害のおそれがある場合には、完全な科学的確実性の欠如が、環境悪化を防止するための費用対効果の大きい対策を延期する理由として使われてはならない。
第16原則	国の機関は、汚染者が原則として汚染による費用を負担するとの方策を考慮しつつ、また、公益に適切に配慮し、国際的な貿易及び投資を歪めることなく、環境費用の内部化と経済的手段の使用の促進に努めるべきである。

出典：淡路剛久ら(編)、ベーシック環境六法(六訂)836、837頁、第一法規、2014

②リオ宣言と環境法の理念、考え方　リオ原則第1原則については第2講で既述したので、第2、7、15、16原則について述べたい。なお、各原則を**表1**に示した。

①第2原則：開発に関する主権と環境への責任

1980年代に先進国の環境保護団体を中心として熱帯林保護の立場からアマゾンの森林は世界の肺として、ボルネオの森林は野生生物種の宝庫で、世界の財産として国際的に管理し、開発を禁止すべきとの主張がなされた。これに対してブラジル、インドネシア、マレーシア等発展途上国政府は経済発展を阻害し、途上国の主権を侵害するものと強く反発した(小林１９９９：１０８)。

地球サミットでは熱帯林の開発と環境をめぐる問題は国際公共財(グローバル・コモンズ)と各国主権をめぐる論議として主要な議題となった。途上国の主張を優先することで各国の開発主権は認められたが、自国および地域の環境に責任を持つことが第2原則として定められた。生物多様性条約の第

写真1　東カリマンタン州サンボジャ附近の大規模な焼畑(1997年9月)

当時、異常乾燥が続き政府は焼畑、農園の火入れを禁止していたが、このような違法な大規模焼畑が増え周辺に飛火し山火事が多発していた。

写真2　東カリマンタン州スブル実験林での山火事(1998年3月)

住友林業㈱と東京大学造林学研究室(佐々木蕙彦教授)が共同研究で推進していたスブル実験林にも周辺から火災が侵入した。写真は炎上するフタバガキ科植栽地。貴重な植栽地は現地スタッフの懸命な消化活動で延焼を防ぎ、火災から守ることができた。なお、当時東カリマンタン州では720カ所で火災が発生していた。(詳細は拙著「21世紀の森林企業と環境」㈱日本林業調査会、2000.9参照のこと)

3条(原則)にもほぼ同様の条文が規定されている。

第1節で述べたインドネシアの山火事による煙害の近隣諸国への被害はリオ宣言第2原則からすればインドネシア政府が責任を有することと解釈できる。1997年、1998年のインドネシアの山火事の煙害による経済的被害はインドネシア国内、近隣諸国合わせて1兆円を越えると報道されていたが、インドネシア政府が近隣諸国に被害補償したとの話は聞かない。

なお、リオ宣言第2原則に関しての萌芽は1920年代に起こったアメリカ、カナダ間の越境大気汚染トレイル溶鉱所事件と思われる。1941年に米・加仲裁裁判所判決で国家の「領域使用の管理責任」が認められ、その後の近隣諸国間の国際環境紛争ではこの原則が適用されている。

②第7原則　共通ではあるが差異のある責任

地球サミットでは地球環境の悪化をもたらしたのはこれまでの先進国の開発と経済活動によるもので責任は先進国にあることを途上国は強く主張した。いわゆる地球環境、先進国責任論である。従って、地球環境の保全や回復に必要な費用は先進国が負担すべきとの主張の論拠となっている。

リオ宣言第7原則では各国は共通のしかし差異のある責任と規定し、責任には共通だが差のあることを認めている。さらに次の文言では先進諸国は彼らの社会が地球環境に対してかけている圧力から(中略)有している義務を認識すると述べ、先進諸国の責任に言及している。

気候変動枠組み条約第3条(原則)第1項には、リオ原則第7原則はより明確に衡平の原則、共通だが差異のある責任のもとで先進締約国は、率先して気候変動およびその悪影響に対処すべきと先進国の責任が示されている。

③第15原則　予防原則

15原則では「予防的方策は深刻あるいは不可逆な被害の恐れがある場合には、十分な科学的確実性がないことをもって環境悪化を防止するための費用対効果の大きな対策を延期する理由として用いてはならない」と示されている。

予防原則（precautionary principle）・予防的アプローチ[6]の重要な点は次の3点である（大塚 2013：34）。第1は、環境への脅威の評価にあたって、原因と損害との間の因果関係を証明するための科学的証拠を必ずしも必要としないこと（科学的不確実性）。

第2に適用される要件として、起こりうる損害が深刻なまたは不可逆性のおそれのあること。

第3に科学的不確実性をもって対策を延期する理由として用いてはならないことである。

環境問題は科学的な原因究明と自然界や人間に対する影響や被害との科学的な因果関係の証明に長時間を要し、その間に被害が拡大することが多々ある。例えば、国内では水俣病事件、地球規模では気候変動問題等である。そこで、深刻なあるいは取り返しのつかない（不可逆的な）被害の恐れがある場合にはあらかじめ手を打っておこうとする考え方が環境問題の世界的な主流となってきた[7]。

1992年に気候変動枠組条約が採択された当時は地球温暖化が人為的な二酸化炭素等温室効果ガス排出に起因するとの科学者に反対する意見も多かった。そこで、予防原則を条約の原則として入れることが重要で、気候変動枠組条約の第3条（原則）第2項にリオ宣言第15原則と同様な主旨の文言で予防原則が規定されている。また、生物多様性条約前文にも予防原則が示されている。

わが国の環境法では伝統的に「未然防止」が重要とされている。「未然防止的アプローチ(preventive approach)」とされるものである(北村２０１１：22)。未然防止原則とも称され、原因と損害の間の因果関係が科学的に証明されていることを前提としている(科学的確実性)。科学的確実性を必要とする点が予防原則と大きく異なっている。

予防原則では将来世代の利益のことを考えることも重要であるが、未然防止原則は現代世代を対象としており、この点でも両者は異なっている。

わが国の法政策での予防原則の適用について概観したい。環境基本法の第４条は環境の保全に関する基本理念を定めているが、「環境の保全は(中略)科学的知見の充実の下に環境の保全上の支障が未然に防がれることを旨として、行なわなければならない。」と規定している。同法21条はそのための規制措置が定められている。[8] ４条の条文から解釈して、環境基本法は未然防止原則を基本にしているものの予防原則の考え方を排除していないと考えられる。[9][10]

生物多様性基本法の基本原則が３条に定められているが、３項に生物多様性を保全する「予防的な取組方法」の規定が置かれている。[11] この文言はこの分野で予防原則の明文が入れられたと解されている(大塚２０１３：37)。

環境基本法15条に基づき策定される環境基本計画(第４次２０１２年４月)第１部第３章(1)のリスク評価と予防的取組方法の考え方の項で「科学的証拠が欠如していることをもって対策を遅らせる理由

とせず、科学的知見の充実に努めながら、予防的な対策をとるという「予防的な取組方法」の考え方に基づいて対策を講じていくべきである。」と予防原則に基づいて環境政策を推進していくことを明示している。[12]

わが国の環境法政策での予防原則の位置づけを概観したが個々の環境法の中で予防原則についての整合性が必ずしもとれなくなっているが、環境政策の基本としては環境基本計画で明確に示されている。従って環境法政策全体で予防原則の位置づけを明確にするために、環境基本法に予防原則に関する規定を導入すべきと考えられる。

④第16原則　汚染者負担原則

環境汚染の原状回復には費用がかかるが誰がどのように負担するかが問題となる。身近な例では、使用済みペットボトルの回収費用の負担と回収の役割分担をどのようにするかが問題となる。

このような環境法における費用負担については、原因者負担（汚染者負担）と公共負担が問題とされるが、原因者負担を優先させることが原則とされている（大塚２０１３：49）。

汚染者負担原則はＰＰＰ（Polluter-Pays Principle）と略称されているが、ＯＥＣＤの１９７２年、１９７４年、１９８９年の勧告に基づいているが、１９９２年のリオ宣言の第16原則により世界の環境問題取り組みの原則となった。１９７２年のＯＥＣＤ理事会勧告は汚染者負担原則を「受容可能な状態に環境を保持するための汚染防止費用は汚染者が負うべきであるとする原則」と規定している。

この原則の目的は外部不経済の内部化[13]による希少な環境資源の効率的配布と国際貿易、投資において歪みを生じさせないため、汚染防止費用についての政府による補助金の禁止である[14]（大塚２０１３：50）。汚染を防除するための実施費用は汚染者が直接的な負担者として支払うべきで公費によって負担すべきでないことが基本的な考え方となっている。

わが国の法政策でも汚染者負担原則は重要視されており、その適用につき概観しておきたい。環境基本法８条１項で事業者の責任として廃棄物処理に関する事業者の適正処理の責務を定めている。21条には国の規制措置を定めている。また、37条では公共工事での原因者負担（費用負担）を規定している。

廃棄物・リサイクル関連の各法では汚染者負担原則が基本原則となっており、事業者の排出責任[15]が11条1項、18条1項に示されている。さらに、拡大生産者責任が11条2、3、4項、18条3項に定められている。容器包装リサイクル法の基本原則は汚染者負担原則であるが、拡大生産者責任については不充分である。

公共工事にあたっての原因者負担は自然環境保全法37条、自然公園法59条等に見ることができる。また、原状回復命令については自然公園法34条に定められている。

環境政策の原則・手法にも汚染者負担原則は重要視されており第４次環境基本計画（２０１２年４月決定）第1部第3章(1)に示されている。また、拡大生産者責任の重要性も言及されている。

4　自然資本の概要

近年、自然環境を国民生活、企業経営の基盤としてとらえる自然資本の考え方が注目されている。

(1) 自然資本の定義――概念

自然資本とは、森林、土壌、水、大気、生物資源など自然によって形成される資本（ストック）のことで、自然資本から生み出されるフローを生態系サービスとしてとらえることができるとされている（環境省2014：138）。また、自然資本とは、森林、水、土壌、大気など地球の自然を資本とみなす考え方ともいえる。

(2) 自然資本と環境マネジメント

わが国は国土の7割を森林が占めており、森林の自然資本に占める位置づけは大きい。持続可能な森林経営の定義（第2講、表2）にニーズとして示されている森林の多面的機能はすべて自然資本を構成し、生態系サービスの分類に位置づけられる。従って、森林環境マネジメントは自然資本のマネジメントの多くを担っていると言える。第14講の3で述べる下川町の自然資本評価では森林、環境、森林のCO_2吸収に評価の重点を置き、その管理に着目している。

(3) 自然資本に関する国際的な動き

国連環境計画（UNEP）は「生態系と生物多様性の経済学」（TEFB: The Economics of Ecosystems and Biodiversity）を2010年10月名古屋のCOP10で発表している。また、UNEPは、2012年に

金融機関が自然資本の考え方を金融商品の中に取り入れていくという約束を示した「自然資本宣言」を提唱している。わが国からは唯一、三井住友信託銀行が署名している。

世界銀行を中心に「生態系価値評価パートナーシップ」（ＷＡＶＥＳ）がＣＯＰ10で立ちあがっている（環境省２０１４：１３９）。これらの動きに対し、自然資本の破壊を企業や地域のリスクとしてとらえ、本来の自然資本経営を矮小化する懸念があるとの意見もある（地球・人間環境フォーラム２０１５：７）。

⑷ 企業、自治体の動き

自然資本への負荷が見える化した事例として、２０１１年、スポーツウェアメーカーＰＵＭＡの「環境損益計算書」の公表が有名である。三井住友信託銀行の事例は前出の通りである。自治体では下川町が自然資本宣言を２０１３年に発表し、自然資本評価に取り組んでいる（第14講、３参照）。

5 まとめ

地球環境問題は国内の環境問題と密接につながっている。１９９2年地球サミットで採択されたリオ宣言で示されている諸原則はわが国の環境法政策の基本理念、考え方として大きな影響を与えた。主な5原則を**表１**に示したが、これらの原則以外もいずれも重要である。特に、第10原則環境問題への市民参加、賠償、救済を含む司法および行政手続きへの市民の効果的アクセスの原則は福島第一原発事故の放射性物質汚染被害者救済問題では重要な原則と考えられる。

予防原則、汚染者負担原則についてわが国の環境法、基本政策との関連を条文等を示し述べたが、国内の環境法政策は地球環境問題との結びつきぬきでは語れないことが理解できる。

注

［1］粒子状物質（PM：Particulate Matter）
［2］政府広報オンライン、http：//www.gov-online.go.jp/useful/article/201303/5.html
［3］JST news、Jul.2013、8頁、（独）科学技術振興機構
［4］大塚直教授は環境法の理念・原則として「持続可能な発展」「未然防止原則・予防原則」「環境権」、「汚染者負担原則」の4つをあげている（大塚2013：30）。
［5］国際環境法においても、地球規模で影響を与える問題の対処といった、国際社会全体に共通する利益に対応している。地球益を根拠に置く条約として気候変動枠組条約などがある（淡路ら2002）。
［6］予防原則を予防的アプローチとも称す。未然防止原則のことを未然防止アプローチとも称す。研究者は政策面ではアプローチと称し、法的な面では原則（または措置）と使うことが多いと思われる。
［7］科学的知見が十分ないとアクションが起こせないかとの問いかけに対し、最近では「より未然的に対応すること」が重要とされている（北村2011：22）。
［8］21条3、4項には自然環境保全、野生生物等の適正な保護に関する規制措置につき定められている。
［9］環境基本法が予防原則を採用しているといえるかは必ずしも明らかでない（大塚2013：37）。
［10］環境基本法4条の趣旨は水俣病事件のように実害が発生してから行動するという「事後対応的アプロー

チ」（事後的対応）を基本としない決意を明示したものである。問題の性質に応じて未然防止アプローチと予防的アプローチを使い分けそれにもとづく政策により、持続発展が可能な社会の構築を目指していると解すべきであるとの説がある（北村２０１１：23、２０１３：74）。

[11] 生物多様性基本法は環境基本法の下に位置づけられていることから、環境基本法が予防的アプローチを認めているとの説がある（北村２０１３：75）。

[12] なお、予防原則の解釈、理解について法学者の間でも論議がある。原子力発電所再稼働をめぐり、予防原則の理解を深める必要があると考える。主な論点は、リスク管理、他の活動の自由の制限、行政と司法の役割の問題等である。リスク管理の問題でリスクをゼロにすることが不可能な場合（万が一の危険性や残存する危険がある場合）に予防原則を単純にあてはめてよいか。他の活動の自由の制限で経済活動の自由の制限等との重要性の比較（利益衡量的比較）の必要性。行政と司法の役割分担では、裁判所が独自に危険性を判断してよいか、行政の判断に委ねるべきでないか等の論点がある。

[13] 外部不経済とは、ある経済主体の経済活動によって別の経済主体がマイナスの影響を受けていることを指す。環境問題が発生しているとき、「外部不経済が発生している」ということになる。環境問題の解決には、「外部不経済を内部化」することで経済主体の意志決定の中に環境配慮を組み込む必要がある（淡路剛久ら２００２：37、抜粋）。

[14] 汚染物質の排出を除去する設備費用を政府が補助金として負担する国と負担しない国で生産品（商品）のコストに差がつき貿易等に不公平が生じることを防ぐための補助金禁止。

[15] 排出者責任とは廃棄物を排出する者が、その適正なリサイクルや処理に関する責務を負うこと。

[16] 拡大生産者責任（Extended Producer Responsibility：EPR）とは生産者がその製品の生産・使用段階だけでな

く使用後廃棄物となった後まで一定の責任を負うこと。ＥＰＲとは２０００年のＯＥＣＤガイダンスマニュアルによれば「物理的および／または金銭的に製品に対する生産者の責任を製品のライフサイクルにおける消費後の段階まで拡大させるという、環境政策のアプローチ」と定義している。

文　献

淡路剛久ら（２００２）『環境法辞典』、有斐閣。

岩間　徹（２００３）「環境条約の展開」、大塚　直・北村喜宣（編）『環境法学の挑戦』所収、日本評論社。

大塚　直（２０１０）『環境法（第３版）』、有斐閣。

大塚　直（２０１３）『ＢＡＳＩＣ環境法』、有斐閣。

環境省（２０１４）「平成26年版 環境白書」。

北村喜宣（２０１１）『プレップ環境法（第２版）』、弘文堂。

北村喜宣（２０１３）『環境法（第２版）』、弘文堂。

小林紀之（１９９９）「発展途上国の森林」、慶応義塾大学経済学部環境プロジェクト（編）『ゼミナール 地球環境論』所収、慶應義塾大学出版会。

地球環境研究会（２００８）『地球環境キーワード辞典（五訂）』、中央法規。

地球・人間環境フォーラム（２０１５）「グローバルネット」２９０号、（一財）地球・人間環境フォーラム。

第５講　地球環境問題の歴史

地球環境問題を歴史的に見ると隣接する国の間での大気や水の汚染による国際環境問題から始まっている。歴史に残る最初の問題は１９２０年代にカナダのブリティッシュコロンビア州にあるトレイル溶鉱所（製錬所）から排出されたばい煙がコロンビア河対岸の米国・ワシントン州に入り、森林等に被害をもたらし、米国がカナダに賠償を求めた事件である。その後１９５０年代にフランスとスペインの間でラヌー湖の水質汚濁をめぐる事件が起り、上流国は下流国の利益を尊重することが認められた。１９７０年代に入ると欧州や米国、カナダで酸性雨被害が大きくなり広範囲な大気汚染に対し多国間で越境大気汚染条約や協定が締結された。

海洋汚染では１９６７年のイギリス沖でのトリーキャニオン号事件等を契機に、海洋の油濁汚染を防ぐためにロンドン条約等の国際条約が生まれた。

　１９７０年代には、ラムサール条約等多くの自然保護に関する条約が採択され、１９９２年には生物多様性条約が採択された。

　有害廃棄物の国境を越える移動に関しては１９８３年にイタリア・セベソからフランスへダイオキシンで汚染された土壌をドラム缶につめて移動さす事件が起った（セベソ事件）。さらに、１９８８年にはイタリアからナイジェリアに有害廃棄物を搬入、投棄する悪質な事件が起った。これらの事件を契機として、１９８８年に有害廃棄物の越境移動、処分を規制するバーゼル条約が採択された。

　１９８０年代後半に入るとオゾン層破壊や地球温暖化問題が起り、ウィーン条約（１９８５年）、モントリオール議定書（１９８７年）や気候変動枠組条約（１９９４年）、京都議定書（２００５年発動）が生まれた。

１　地球環境問題取り組みの枠組み、方式

　地球環境問題は大気汚染、水質汚濁から自然生態系の破壊、有害廃棄物問題さらにはオゾン層破壊、気候変動と時代とともに顕在化し、多様化してきている。また、近隣諸国間の国際環境問題から地球規模の環境問題へと影響の規模的に広がりが明らかになってきている。

　地球環境問題の国際的な取り組みの枠組みは次の方式で行われてきた。
①国連の首脳会議（サミット）での基本合意

写真1　熱帯林の減少（インドネシア・東カリマンタン州 1993. 6）

国連では１９７２年の国連人間環境会議（ストックホルム）から10年に１回各国の首脳が出席する環境に関する特別総会（首脳会議、サミット）を開催している。１９９２年の前出の地球サミット、２００２年の持続可能な発展に関する世界首脳会議（ヨハネスブルクサミット）等は重要な合意がなされている。特に１９９２年地球サミットでの合意はその後の世界の環境問題の取り組みの基本となっている。

②国際機関による取り組み

国連環境計画（ＵＮＥＰ）、ＦＡＯ、ＩＴＴＯ等の国連機関による計画の策定やプロジェクトの実施、世界銀行等国際金融機関による資金面での支援が行われてきた。最近では第２講で紹介した地球環境基金（ＧＥＦ）の役割も重要となっている。

③国際環境法

１９６０年代から国境を超える大気汚染等環境問題が多発するとともに、国際環境問題、地球環境問題に対処するために１９７２年の国連人間環境会議以降、次頁で示す多くの国際条約や協定が締結されてきた。

国際環境法の特徴は、先ず第１に国際的な法益[1]としての気候系や自然系などグローバル・コモンズ（人類の共通財産）を保全・管理し、将来世代に伝えることはすべての国が国際社会に負っている「普遍的義務」であるとの考え方である。これには将来世代と現代世代の「世代間の衡平」への配慮も含まれている。

第2に前出の予防原則の考え方である。

第3に条約の策定の仕方としての枠組条約、議定書による柔軟性である。具体的な権利・義務や規制・基準まで規定せず、枠組のみ規定する枠組条約を先ず定め、条約が成立した後に別途議定書を定めることが多くみられる。科学的知見が十分でない場合に、その進捗に応じて各国の義務を明確にすることを狙ったものである。気候変動枠組条約と京都議定書、オゾン層保護のウィーン条約とモントリオール議定書などが典型的な例である(大塚２０１０：１３５、１３６)。

④ＮＰＯの役割

地球環境問題の取り組みに国際的なＮＰＯの役割の重要性が増している。プロジェクトの推進、国際会議での議論への参加、条約や協定の策定への参画等活動の場は多岐にわたっているが、この分野ではＮＰＯには高度の専門性、学識が必要と考えられる。

2　地球環境問題の歴史的概観

地球環境問題の発生と顕在化を歴史的に追ってまとめたのが次の年代別記述である。また、表1は資料として活用できるように世界の動きとわが国の動きを関連付けて年表としてまとめた。

表1　地域環境をめぐる世界とわが国の動向

年	世界の動き	わが国の動き
1920年代	トレイル溶鉱所事件(アメリカ・カナダ間の越境汚染)	
1967	トリーキャニオン事件(イギリス公海沖油濁事故)	
1968	スカンディナビア酸性雨原因の発表(英、中欧汚染物質説)	
1971	ラムサール条約採択('75発効) ローマクラブ報告書「成長の限界」	環境庁設置
1972	国連人間環境会議「人間環境宣言」(ストックホルム) ロンドンダンピング条約採択('75発効) 世界遺産条約採択	自然環境保全法制定
1973	ワシントン条約採択	北関東で酸性雨による目の刺激
1976	セベソ事件(イタリア、ダイオキシン汚染)	「海洋汚染および災害の防止に関する法律」改正
1977	砂漠化防止行動計画採択	
1978	ラブキャナル事件(米国、土壌汚染)	
1979	世界気候計画採択(WMO) 長距離越境大気汚染条約締結(欧州、米、加) 米国政府報告書「2000年の地球」	
1980		ワシントン条約、ラムサール条約、ロンドン条約に加入 「絶滅のおそれのある野生動植物の譲渡の規制等に関する法律」制定
1985	ヘルシンキ議定書、ウイーン条約採択	
1987	FAO、熱帯林行動計画(TFAP)策定 環境と開発に関する世界委員会(ブルットランド委員会)が「持続可能な開発(発展)」を提唱 モントリオール議定書採択	
1988		「オゾン層保護法」を制定
1989	バーゼル条約採択('92発効) エクソン・バルディーズ号事件	
1990		「地球温暖化防止行動計画」決定
1992	「環境と開発に関する国連会議」(地球サミット) リオ宣言　生物多様性条約、気候変動枠組条約採択 森林原則声明、アジェンダ21	「特定有害廃棄物等の輸出入等の規制に関する法律」制定 「絶滅のおそれのある野生動植物の種の保存に関する法律」制定 世界遺産条約批准
1993		環境基本法制定、バーゼル条約批准
1996	砂漠化防止条約発効	
1997	京都議定書採択(京都、COP3)	
1998		「地球温暖対策の推進に関する法律」制定
2001		環境省設置
2002	「持続可能な発展に関する世界首脳会議」(ヨハネスブルグサミット)	京都議定書批准、「地球温暖化対策の推進に関する法律」改正
2005	京都議定書発効	京都議定書目標達成計画策定
2008～12	京都議定書第1約束期間	

出典：「地球環境キーワード辞典」(五訂)、中央法規、2008、「20世紀の日本環境史」(社)産業環境管理協会、1999

(1) 越境大気汚染、海洋汚染1960年代から

① 越境大気汚染

・トレイル溶鉱所事件、1941年、米国・カナダ仲裁裁判所判決（1920年代に発足）
国家の「領域使用の管理責任」を初めて認めた
・ラヌー湖事件、仲裁判決（1957年）上流国は下流国の利益尊重－仏、スペイン
・欧州、米国、カナダを中心に協定、条約（1970、80年代）
「長距離越境大気汚染条約」（1979）欧州、米、加の枠組条約
「大気質に関する米、加政府協定書」（1991）
・わが国の酸性雨問題

② 海洋汚染（船舶に起因、海洋投棄起因）

・トリーキャニオン号事件（イギリス沖公海油濁事故、1967）
・バルディーズ号事件（アラスカ・バルディーズ湾でのエクソン・タンカー油濁事件、1989年）
・「廃棄物その他の物の投棄による海洋汚染の防止に関する条約」（ロンドン条約、1972）
・「1973年の船舶による汚染の防止のための国際条約」（MARPOL条約、1973）

(2) 自然保護問題（自然生態系、生物多様性）1970年代から

・「特に水鳥の生息地として国際的に重要な湿地に関する条約」（ラムサール条約、1971）
わが国は11湿地登録（1980年批准）

・「世界遺産の文化遺産および自然遺産の保護に関する条約」（世界遺産条約、1972）
　わが国は自然遺産4カ所を登録（1992年批准）
・「絶滅のおそれのある野生動植物の種の国際取引に関する条約」（ワシントン条約、1973）
・「生物多様性に関する条約」（1992）
・「森林原則声明」（1992）、国際熱帯木材協定（1983）

(3) 有害廃棄物の越境移動1980年代から

・セベソ事件、汚染土のイタリアから北フランスへの移動事件（1983年）
・ナイジェリアココ港、有害廃棄物イタリアから搬入、投棄事件（先進国から途上国への移動、1988）
・「有害廃棄物の国境を越える移動およびその処分の規制に関するバーゼル条約」（1989）
・ニッソー事件、わが国からフィリピンへ医療廃棄物を古紙と偽って輸出（1999）

(4) オゾン層破壊　地球温暖化問題（1980年代後半から）

・「オゾン層保護に関するウィーン条約」（1985）
・「オゾン層を破壊する物質に関するモントリオール議定書」（1987）
・気候変動枠組条約（1994）
・京都議定書（2005）

3 まとめ

地球環境問題の取り組みの枠組、歴史的概観を今回はまとめたが、多くの問題は国際的な取り組みとして推進されているものの解決への道は遠い。その大きな問題は経済的問題など国益に根ざす国際的な対立構造である。1992年当時は南北問題の対立で論じられたが、2000年代に入り対立構造が多極化し、国際的合意達成は増々困難となっている。先進国の対立、先進国・途上国の対立、さらには先進国・新興経済国・その他途上国の対立等対立軸は複雑化している。その典型は気候変動をめぐる締約国会議（COP）での国際交渉の合意達成の難しさに見ることができる。世界各国が国益より地球益を優先できるかが、合意形成の困難な課題を考えられる。

注

[1] 法によって保護される国家的、社会的または個人的な利益。保護法益ともいう（法律用語辞典、有斐閣）。

文　献

大塚　直（2010）『環境法（第3版）』、有斐閣。

第6講　わが国の公害・環境問題

第4講・第5講では地球環境問題の現状と歴史を概観し、環境問題の基本的な理念や考え方についても解説した。今回はわが国の環境問題に目を転じ、先ず、身近な環境問題を環境法の観点からいくつか取り上げ、さらにわが国の環境問題の歴史を概観し、歴史から学ぶことの重要性を述べたい。

1　環境法から見た現代の環境問題

⑴　佐渡地域トキ野生復帰

2013年7月中旬に佐渡を訪問し、環境省、新潟県、佐渡市の方々のご案内でトキ野生復帰に取り組んでいる現状を見学する機会を得た。

トキは江戸時代までは日本にほぼ全域に生息していたが、最後の一羽は佐渡で死亡し、野生のトキは絶滅した。平成11年より中国から提供された個体の飼育により繁殖が進められ、平成20年からは野性復帰に向けた放鳥も続けられている。

今回は二度目の訪問であったが、一旦絶滅した種の野生種を自然界で回復させるのが如何に困難かを今回の訪問で改めて実感した。

国内希少野生動植物は82種あるがその内47種に対し、保護増殖事業計画が策定され、個体の繁殖や生息地の整備等保護増殖事業が推進されている。この事業の代表的な種はトキ、アホウドリ、ツシマヤマネコ、レブンアツモリソウ等である（環境省２０１０：３０８、３０９）。

トキ保護増殖計画は（以下、本計画）平成16年1月29日に農林水産省、国土交通省、環境省の3省により策定され、公表されている。[1] 本計画書によれば事業の目標は次のとおりである。「遺伝的な多様性の確保に対処しつつ本種の飼育下での繁殖を進め、飼育個体群の充実を図るとともに、かつて本種の生息に適した環境を整えた上で再導入を図り、本種が自然状態で安定的に存続できるようにするこ

とを目標とする。」（一部抜粋）

事業の内容として、個体の繁殖および飼育、生息環境の整備、再導入の実施等があげられている。再導入の実施については、「飼育個体群の目処がたった段階で、関係住民の十分な理解を得つつ、飼育個体を再導入することにより、本種の野生個体群の回復を図る」としている。この文章は、放鳥の実施に関する内容と解せられるが、小佐渡東部地域が放鳥の中心地域と想定されていると思われるも、数十キロの海を渡り本土の近隣県にまで飛来している。

写真1　佐渡島のトキ（新潟県 県民生活・環境部提供）

本計画とともに「佐渡地域環境再生ビジョン（トキ野生復帰環境再生ビジョン）」が策定され、野生復帰の目標として10年後（2015年頃）に小佐渡東部に60羽のトキを定着させることを掲げ、トキが生息できる自然環境、地域社会づくりの目標を細かく策定している。なお、野生復帰個体数は2013年9月頃で98羽（点検値）と報告されている（環境省2014：175）。

トキ保護増殖事業計画は勿論、法律に基づき推進されている。絶滅のおそれのある野生動植物の種の保存に関する法律（以下、絶滅種保存法）は1992年（平成4年）に制定され、同法は絶滅のおそれのある野生動植物の種の保存を図ることにより良好な自然環境を保全することを目的としている（同法1

条）。同法第4章45条から48条は保護増殖事業について規定しており、45条には保護増殖事業計画につき対象とすべき国内希少野生動植物ごとに目標、区域、事業内容等必要な事項について定めるとしている。[2]

自然保護に関しては様々な法律があるが、主な論点につき次に述べたい。

(2) 自然保護に関する主な法律の論点

①自然の保全、保存、保護　前出の絶滅種保存法1条で保存と保全の用語が使い分けられていることに注目していただきたい。法律上はこれらの用語は明確に使い分けられている。保全（conservation）は自然を管理して合理的に利用するという趣旨で、環境条約では、人間による人間のための「賢明な利用」（wise use）を意味する考え方である。一方、保存（preservation）は人間の活動を禁止してでも自然を破壊や損傷から守ることを意味している。環境条約では、人間が環境または生態系を使用しないこと（non-use）を意味している。保護は保全、保存のような特別な意味付けをせず、広く自然を守っていく行為全般を言い表すために用いるのが通例とされている（交告ほか２００７：18、39）。

②「生きた化石」論　１９６０年代以前の公害対策基本法はじめ公害関連の法律には「調和条項」とよばれる重要な条項が入っていた。１９６７年制定当時の公害対策基本法1条2項は、「生活環境の保全については、経済の健全な発展との調和が図られるようにするものとする。」と規定されていた。「調和」とは生活環境保全施策は産業発展を阻害しない限りにおいて実施されうる意味である（北村

2013：41、42）。1962年制定のばい煙規制法、1970年5月改正の水質保全法も同じ趣旨の規定を持っていた。「調和条項」は「経済調和条項」とも称されるが、前記の上智大学北村喜宣教授の解釈で分かるように、経済発展と環境保全の調和でなく、経済発展優先の考え方で、1960年代の産業優先の時代を反映していると言える。熊本水俣病への行政的対応を遅らせた原因ともなり、予防原則[3]の欠如とともに公害問題の大きな教訓と考えられる。この調和条項は1970年の公害国会において公害法規からは消し去られた。ところが自然保護に関する法律には一種の調和条項が現存している。例えば自然環境保全法3条「自然環境の保全に当たっては、関係者の所有権その他の財産権を尊重する」と規定しているし、同様の趣旨の規定は自然公園法4条、希少種保存法（絶滅種保存法）3条にもみられる。この規定を北村教授はまるで、「生きた化石」だと述べている（北村 2011：105、2013：123）。このことは、わが国の自然公園には私有地が多く、かつゾーニング制をとっているために、憲法29条1項を重視していることにもよる。[4]日本の環境政策をレビューしたOECD（経済協力開発機構）は、土地所有者に対する手厚い保護が自然公園地域での厳格な土地利用規制の障害になっていると評価している。調和条項の反自然保護的効果は国際比較の観点からも確認されたと言えそうだと北村教授は評している（北村 2011：105）。わが国の自然保護を巡る紛争の多くは、この「調和条項」的考え方が行政や事業者にあることに起因していると言っても過言ではない。

③地球環境条約に対するわが国の対応　1970年代の高度経済成長期にはわが国は自然保護に関する国際的な対応に大きな遅れを取り、国際的比較として自然保護体制の整備が遅れる原因となっ

た。１９６０年代末から１９７０年代にかけ多くの重要な自然環境関連の条約が採択されたが、わが国が批准するのに10年から20年を要している（第5講の**表1**参照のこと）。

世界遺産条約は富士山の登録が認められ、今や社会的にも広く知られているが、同条約が採択されたのは１９７２年である。わが国では同条約の価値を理解されず、むしろ経済発展、開発にマイナスであるとすぐには批准をしなかった。採択から実に20年が過ぎた１９９２年にやっと批准している。ラムサール条約は１９６８年採択、ワシントン条約は１９７３年に採択されているが、わが国が批准したのはともに、１９８０年である。ラムサール条約の正式名は「特に水鳥の生息地として国際的に重要な湿地に関する条約」で湿地保全の重要な条約で、１９８０年に加入と同時に釧路湿原を登録している。ワシントン条約の正式名は「絶滅のおそれのある野生動植物の種の国際取引に関する条約」で条約の英文の頭文字からＣＩＴＥＳ（サイテス）と称されることもある。この条約批准に先立ち１９８０年に「絶滅のおそれのある野生動植物の譲渡の規制等に関する法律」がＣＩＴＥＳを担保する法律として制定されている。

国際条約を批准するには衆、参両議院の承認を得ることが必要で、批准に先立ちこの条約に対応する国内法の制定・改正が行われるのが通例である。環境関連条約での例外はラムサール条約で法律の制定・改正はなく、従来の法律で対応する形をとっている。

大雪山国立公園の士幌然別湖線（道路）建設反対の住民訴訟はナキウサギ訴訟（１９９６年）としてよく知られているが、実はこの訴訟はわが国の国内裁判所で関連条約が採用された例として注目された事案である。住民訴訟の原告側は、道路建設は生物多様性に危害を加えるものであり、そのような行為を行うことは関係国内法令とともに生物多様性条約に違反すると主張した。同条約の関連規定が国内で直接適用力を有するほど明確性を持っていたかが論じられることになった（大塚２０１０：２０４、２０５）。この訴訟は１９９９年3月に北海道庁の「時のアセスメント」により道路計画が中止されたため取り下げられた。

(3) 福島原発事故による放射性物質の大量放出に伴う環境問題

東京電力福島第一原子力発電所爆発による広範囲な放射性物質による汚染は重大な環境汚染であり、産業分野による公害とも言える。この事故は、環境問題のほとんどの分野を含んでおり、土壌汚染、大気汚染、水質汚濁、海洋汚染、廃棄物処理が緊急に対応すべき主な分野と考えられる。

福島原発事故が起こる前は原発事故による放射性物質による汚染は環境法体系から除外されていた。環境基本法等の法律の下でなく原子力基本等の法律の下で論じられてきた。[5] 広範囲な放射性物質による汚染の法体系は整備されてなかった。法律の分野でも「安全神話」の延長線上にあたったと考えられる。

環境基本法第13条は「放射性物質による大気の汚染、水質の汚濁および土壌の汚染の防止のための措置については、原子力基本法その他の関係法令で定めるところによる。」と規定し、放射性物質汚染を原則として環境法体系から除外するという立法方針を明記していた。

２０１２年6月に制定された原子力規制委員会設置法は、附則51条において環境基本法13条を削除し、附則59条において廃棄物処理法2条1項の定義中の放射性物質適用除外規定を削除する措置を講じた。(北村２０１３：２９２、２９３)。

廃棄物処理法２条１項は廃棄物の定義が規定されているが(放射性物質およびこれによって汚染されたものを除く)と明記されていた。大気汚染防止法(大防法)27条にも放射性物質による大気の汚染およびその防止については、適用しないと明記されている。水質汚濁防止法(水濁法)23条にも同様の規定があった。また、土壌汚染対策法２条１項の「特定有害物質」には(放射性物質は除く)と規定されていた。

循環型社会形成推進基本法(以下循環基本法)は廃棄物、リサイクル関連の基本法(枠組法)であるが、同法２条、廃棄物等の定義で放射性物質およびこれによって汚染されたものを除くと規定されていた。平成24年(２０１２年)１月31日閣議決定された。「原子力の安全な確保に関する組織および制度を改革するための環境省設置法等の一部を改正する法律案」によって、循環基本法の対象に放射性物質により汚染された廃棄物等が加わることになった[5]。

２０１３年６月公布された「放射性物質による環境の汚染の防止のための関係法律の整備に関する法律」により、放射性物質による汚染の適用除外規定である大防法27条１項、水濁法23条１項は削除された。また、放射性物質汚染の常時監視が大防法22条３項、水濁法15条３項で定められた。環境影響評価法でも放射性物質適用除外規制52条１項が削除され、環境影響評価手続の対象に放射性物質による環境への影響が含められることになった(大塚２０１３：86、87)。

福島原発事故による自然界、住民に対する広範囲に渡る深刻な被害は歴史上最大の産業公害と考えられる。被害者の救済や保証にあたっては足尾の鉱毒事件や水俣病の教訓を活かすべきと考える。政府の原子力発電所再稼働の積極的推進や温暖化政策の後退を見ていると、政府の強力な経済優先政策が明白に現れており、わが国は「調和条項」のあった時代に先祖返りしてしまい、かつての過ちを繰り返す可能性が高い。環境法の基本理念(考え方)や第四次環境基本計画に示されている持続可能な開発、予防原則、汚染者負担原則等を今一度よく考える必要がある。

(4) 木くずは廃棄物か

再生可能エネルギーの中でバイオマスエネルギーが注目され、わが国ではエネルギー源としての木質系バイオマスエネルギーの需要は高い。

木質バイオマスには解体材、製材や合板廃材、林地残材等様々あるが廃棄物として処分されるもの、資源として有効に活用されるものがある。

家庭から出るゴミも工場から排出されるゴミも全て廃棄物の処理および清掃に関する法律(以下、廃棄物処理法)に基づいて処理されねばならない。本法は昭和45年(1970年)に制定されたが、相次ぐ廃棄物の不法投棄などに対応するために度々改正され、廃棄物の定義の解釈をめぐっても何度か新しい判例が出ている。専門家にとっても取り扱いの難しい法律の一つである。

廃棄物処理法2条の定義によれば、「廃棄物」とは、ごみ、粗大ゴミ、燃え殻、汚泥、ふん尿、廃油、廃酸、廃アルカリ、動物の死体その他の汚物または不要物であって、固形状または液状のものをいうと規定されている。また、廃棄物処理法施行令2条2項では政令で定める廃棄物の一つとして「木くず」を掲げている。これ等の定義からすれば木くずは廃棄物（産業廃棄物）なのである。

廃棄物の処理を業として行う場合は許可が必要で、一般廃棄物は市町村長、産業廃棄物は都道府県知事の許可が必要である。ここでいう処理とは収集、運搬、処分（中間処理、最終処分）のことである。

２００４年1月26日水戸地裁で「木くず事件」と称される判決がでた。[6] この事案は２００１年に39回にわたり、解体工事請負事業者（A社）が廃棄物処理業の許可を得ていない処理業者（B社）に木くずを無償で処理することを委託した。B社は木くずを長期間、雑然と山積みし、異臭が発生し、住民から苦情がでていた。解体で排出された産業廃棄物である木くずを分別、木材チップの材料として選別した後は、木材は有用物とになったので、産業廃棄物でなくなったと裁判所は判断し、判決では廃棄物処理法の無許可で木くずを引き取った処理業社（B社）を無罪とした（佐藤ら２００８：１５２）。

本件では木くずが廃棄物に該当するか否かが争点となった。前出の廃棄物の定義では不要物は廃棄物であるが、処理場で木材チップ材料として分別、選別され価値のある有用物になり、木くずは廃棄物でなくなったと判決では解釈されている。

もう一つの問題点は、A社がB社に木くずを無償で引き渡したことである。木くずがチップの原材料として有用なものであれば有償で取引されたはずで、不要物になったので廃棄物として無償で引き渡されたのではないかとの問題がある。

当該木くずは発生時には産業廃棄物であったが、選別作業を経ることによって有用物になっていると裁判所はしているが、取引価値があるとまでは言えない当該物について安易に有用物性を認定した判断を疑問視する意見があった（北村２０１３：４５６）。

その後、本事案は無許可事業者への廃棄物処理委託の罪で罰金刑を受けた解体事業者（A社）が再審請求をしたが、木くずがぞんざいに扱われ適正に管理されていなかったこと、その再利用が製造事業として確立し、継続して行われていなかったことなどを理由に、本件の木くずは産業廃棄物に認定されている（平成20年4月24日東京高裁判決）。

これらの一連の判決でみるごとく、木質バイオマスエネルギーの原材料として木くずを取り扱う場合は有用性、取引形態等の解釈等、廃棄物処理法をよく理解して対応する必要がある。

なお、バイオマス発電燃料の廃棄物該当性の判断に係る解釈の明確化を図る為に２０１３年6月28日付で環境省大臣官房から各都道府県・政令市廃棄物行政主管部（局）長あてに通知が出されている。[7]この通知によると各種判断要素の基準として①燃料の性状、②排出の状況、③通常の取扱い形態、④取引価値の有無、⑤占有者の意志の5点をあげている。[8]④の取引価値の有無については運搬費が有償譲渡価格を上回ることのみでただちに取引価値が無いと判断されるものでないとの柔軟的な考え方を示している。判断の参考のために、判断事例集を別途公表している。[9]

2　わが国の環境問題に関する歴史

明治時代から１９８０年代に至る、わが国の環境史の主な出来事と法政策的な対応を**表1**に示した

表1　年表　日本の環境史(明治、大正、昭和)

	年	
鉱毒・煙害の時代	1891(明治24)	足尾銅山鉱毒問題の国会提起
	1893(明治26)	別子銅山新居浜精錬所煙害問題発生
	1901(明治34)	足尾銅山鉱毒問題、田中正造による天皇への直訴
	1903(明治36)	浅野セメント粉塵被害(東京・深川)
	1907(明治40)	別子銅山四阪島精錬所の亜硫酸ガス被害、1910 農務省煙害対策調停
	1911(明治44)	日立鉱山亜硫酸ガス被害(保証金支払い)、1914 日立鉱山大煙突(156 m)
	1914(大正3)	大阪アルカリ会社亜硫酸ガス被害訴訟(1916 大審院判決)
	1916(大正5)	三井神岡鉱山亜硫酸ガス被害
	1932(昭和7)	大阪で煤煙防止規制(わが国初の発令)
公害深刻化の時代	1949(昭和24)	東京都、工場公害防止条例制定
	1955(昭和30)	イタイイタイ病、社会問題化(神岡鉱山)
	1955(昭和30)	東京都、煤煙防止条例
	1956(昭和31)	水俣病発生を公式発表(水俣保健所)
	1958(昭和33)	本州製紙江戸川工場の水質汚濁問題(浦安事件) 水質保全法、工場排水規制法(水質二法)制定、下水道法制定
	1961(昭和36)	四日市喘息事件発生
	1962(昭和37)	煤煙の規制等に関する法律制定
	1964(昭和39)	新潟県阿賀野川流域に水銀中毒患者発見(新潟水俣病事件)
	1967(昭和42)	公害対策基本法制定
	1968(昭和43)	大気汚染防止法、騒音規正法制定 厚生省が熊本水俣病、新潟水俣病を公式認定
	1970(昭和45)	公害国会(第64回臨時国会で基本法はじめ14の公害関係法が制定または改正)
	1971(昭和46)	環境庁設置
公害から地球環境問題へ	1972(昭和47)	国連第1回人間環境会議開催 瀬戸内海に大量の赤潮発生(1977、大発生) 自然環境保全法制定
	1975(昭和50)	江戸川区で六価クロム汚染問題表面化
	1980(昭和55)	ラムサール条約、ワシントン条約に日本加盟
	1984(昭和59)	環境影響評価に関する要綱閣議決定
	1985(昭和60)	ウイーン条約採択(1988年オゾン層保護法制定)

出典：20世紀の日本環境史、(社)産業環境管理協会、2002、大塚　直、環境法、有斐閣、2010等も基に作成

が、次のことを歴史から学び取ることができる。

(1) わが国の環境問題の特徴

環境問題は経済発展、開発や産業構造との関連が深く、もちろん国家政策に強い影響を受けている。基幹産業、主要産業が主な公害発生源であるし、社会的弱者が深刻な公害の被害をより多く被り、その救済も軽視されていた。

戦後の公害事件を振り返ると生産効率重視、経済優先による産業構造の欠陥が原因とも言え、四大公害の発生でやっと環境問題に社会的関心が向けられ、環境問題に対する法、政策的対応も後追い的な公害対策で展開された。典型的な例は、前出の調和条項が多くの環境関連法の基本として存在し、政策の基本ともなっていたことで、１９７０年の公害国会でやっと消し去られたという歴史的事実である。

１９８０年代後半から地球環境問題が世界的な関心事になり、わが国の環境問題も公害から地球環境問題へと幅が広がり、環境問題は質的に変化し、政策・対策も多様化してきた。環境政策の手法も従来の規制的手法に加え自主的取り組み、経済的手法、情報的手法があり、それぞれの環境問題に対応した適切な手法の適用が求められている。

法整備や政策立案の基となる、理念や考え方の重要性は増している。持続可能な発展、予防原則、汚染者負担原則、拡大生産者責任等が現代の政策にいかに活かされているかを私達はよく見ておく必要がある。

(2) 歴史的経緯の概観

明治から昭和のわが国の環境史は表1に示したように3つの時代に大別すると分かりやすい。

①近代産業振興と鉱毒、煙害　わが国では明治20年頃から近代産業の担い手として鉱業が大規模に発展し、特に銅鉱業は銅の輸出による外貨獲得がわが国の近代化を支えたことから、重要視された。これに伴い各地の鉱山や精錬所で大気汚染、水質汚濁等の問題が発生した。代表的事例が1980年(明治23年)からの足尾銅山鉱毒事件、明治30年代の別子《べっし》銅山煙害、明治39年以降の日立鉱山の煙害である。これ等は当時の日本の代表的企業である古川、住友、日立が起こした公害事件である。

②公害深刻化の時代　戦後の工業化、経済発展を陽とすれば陰影の部分として1950年代半ばから1960年代半ばの約10年間に四大公害事件が発生し、半世紀を経た現在に至るもその深刻な被害は続いている。

四大公害事件とは、イタイイタイ病事件、熊本水俣病事件、新潟水俣病事件、四日市ぜん息事件で、いずれも当時のわが国の代表的企業が起こした公害である。これ等の事件以外にも本州製紙江戸川工場による水質汚濁事件(1958年)や江戸川区での六価クロム土壌汚染問題(1970年)が発生している。

熊本水俣病への行政的対応の遅れが被害を大きくしたことは前出1・(2)・②で述べたが、教訓として次の2件がある。1957年に当時の厚生省公衆衛生局長は「水俣湾特定水域の魚介類のすべてが有毒化しているという明らかな証拠が認められない」という理由で、食品衛生法のもとでの採取・陳列等の禁止措置を講じることはできないと判断した（北村２０１３：70）。さらに、１９５６年に熊本大学医学部が水俣病の原因はメチル水銀であることを発表したのに、厚生省が公式に認定したのは１９６８年で、この間に被害が拡大し被害者は膨大な数にのぼった。

③公害から地球環境問題へ　１９７２年に国連第１回人間環境会議がストックホルムで開催され、環境問題の地球的規模での取り組みが始まったが、わが国では一部に関心があったが公害への取り組みに追われていた。地球的規模の環境問題の取り組みが本格化したのは１９８０年代に入ってからで、前出の１９８０年のラムサール条約やワシントン条約に批准したことは歴史的転機とも考えられる。

写真２　足尾銅山跡の荒廃した山々

３　まとめ

２００６年の7月、８月に足尾を訪問したが、足尾の山々は被害を受けて１２０年過ぎた現在も大部分は荒廃したままである（写真参照）。廃村となった旧松木村の墓標が数本のみ寂しく残る荒寥とした景色が思い出される。

足尾鉱毒事件は１９７０年代にも渡良瀬川沿岸で起こっている。１９５８年に同鉱山の推積物の堤防が決壊し大量の鉱毒水が下流域に流入し、群馬県毛里田村を中心に６０００㌶の農地がカドミウムで汚染され、１９７４年に公害調停委員会の調停で15億５０００万円の保証が成立している。

水俣病は１９５６年発生が公式発表されてから60年近く経っても被害者救済は終わらず、いまだに裁判は続いている。

足尾鉱毒事件や水俣病などの重大で深刻な公害の事例から私たちは教訓を学ぶ必要がある。

現在の最大の公害である福島第一原子力発電所による放射性物質汚染被害問題に足尾、水俣の歴史の教訓を学び、被害者の完全救済を図るとともに、原子力発電所再稼働の検討に際しては、人格権はもとより、予防原則や汚染者負担原則の重要性を政府は再認識すべきである。

原子力発電所や地球温暖化政策に関する現政権の基本政策は経済優先で環境問題はなおざりにされていると思われる[10]。

私たちは、公害関係法に経済優先の「調和条項」のあった数十年前の時代に社会のありかたを戻してはならないと考える。

注

［1］最初の計画は平成5年に策定され平成16年版はその改訂版である。

［2］佐渡市役所農林水産課村岡直係長の助言による。

［3］第4講3の「第15原則 予防原則」を参照のこと。

［4］憲法29条1項は「財産権はこれを侵してはならない」と規定し、3項は「私有財産は正当な補償の下に、これを公共のために用いることができる」と定めている。

［5］第4次環境基本計画（2012・4・27閣議決定）、128頁。

［6］判決の詳細は「環境法判例百選（第2版）」（淡路ら2011）、150頁、151頁を参照のこと。

［7］環廃対発第1306281号、環廃産発第1306281号参照のこと。

［8］廃棄物の定義に関するいわゆる「総合判断説」を基にしている。

［9］http://www.env.go.jp/recycle/report/h25-01.pdf
［10］第四次環境基本計画第一部第3章の環境政策の原則・手法では予防原則や汚染者負担原則が明示されている。

文献

淡路剛久ら（2011）『環境法判例百選（第2版）』、有斐閣。

大塚　直（2010）『環境法（第3版）』、有斐閣。

大塚　直（2013）『BASIC環境法』、有斐閣。

環境省（2010）「平成22年度環境白書」。

環境省（2014）「平成26年度環境白書」。

交告尚史ら（2007）『環境法入門（補訂版）』、有斐閣。

北村喜宣（2013）『環境法（第2版）』、弘文堂。

北村喜宣（2011）『プレップ環境法（第2版）』、弘文堂。

佐藤　泉ら（2008）『実務環境法講義』、民事法研究会。

第７講　わが国の自然保護の歴史と「自然の権利」等の考え方

私が最初に自然保護分野に本格的に接したのは、１９６２年学生時代に約４カ月かけて米国、カナダの10カ所以上の国立公園の現地調査団に参加したときである。その後、１９９０年代に企業の環境部門の責任者として熱帯林問題や米国西海岸のマダラフクロウ問題、カナダＢＣ州の伐採反対運動に対応した経験を持っている。さらに、ここ10年は法科大学院で自然保護の法律、政策面での研究、教育を続けている。

このように様々な側面で自然保護分野に関わってきたが、私達人間が自然の生態系の一部として、自然環境と経済活動をはじめとする様々は人間活動と共存することの難しさを経験してきた。自然保護には様々な取り組み必要であるが、そのひとつとして法整備がある。本講では自然保護の法政策面での歴史的経緯や環境権、自然の権利訴訟、景観利益の論点について述べたい。

1　わが国での自然保護の歴史的経緯

わが国は森林国で「木の文化」の国とも称されている。わが国の自然保護は古くから森林の保護と深く結びついている。古代から近代法制の導入まで、明治以降と1970年代の生物多様性の概念が入ってからの3つに分けて法政策面での歴史的経緯を概観したい。

(1) 近代法制以前

仏教の伝来(538年または552年)はわが国の社会、文化に大きな変革をもたらすとともに木材の用材利用に、飛躍的な変化をもたらした。寺院や都の造営には大量の木材を必要とした。聖徳太子の時代には大きな寺だけでも法隆寺はじめ20の寺が建立されている。また、天皇の一代ごとに遷都していたので膨大な良質の木材が必要であった。大和地方や周辺の山々は荒廃がすすみ土砂流出、洪水の被害が大きくなった。飛鳥川の水源である稲淵山は大和三山とともに禁伐林にされた。琵琶湖の出口である田上山もヒノキ林は、持統天皇時代(690〜697年)の藤原宮造営やその後の東大寺造営で大量に伐採され、荒廃した山になってしまったことはよく知られている(西岡・小原 1978：187〜189)。

その後、各時代に様々は形で森林利用の制限や保全を義務づける文書が残されているが、江戸時代には森林保全や植林事業が盛んに行われた。多くの藩で留木、留山という制度が作られた。米沢藩の上杉鷹山や備前藩の熊沢蕃山などは森林保全を実践し歴史にその名を残している(太田 2008：

134）。京都、神戸、横浜等の都市周辺では薪炭材の乱伐で周辺の山々は荒廃していたようで江戸末期、明治初期の絵図や写真から知ることができる。

(2) 明治時代以降

明治時代の自然保護の法整備は森林法を中心に展開されたが第8講で詳述したい。

森林法以外では1895年に狩猟法[1]が制定された。1918年に全面改訂され、狩猟対象の鳥獣以外は原則としてすべて保護の対象となった（加藤 2012：699）。

自然景観の保護を目的とした法律としては1919年の史蹟名勝天然記念物保存法と1931年の国立公園法があるが同法は1957年に自然公園法として発展した。

国立公園制度の検討過程で、その理念をめぐり当時の内務省内部で意見の対立があったといわれている。国民の保健休養（レクリエーション）を重視する田村剛らと天然記念物的な保護を主張する上原啓二らの対立である。地元の政治家の関心は専ら郷土の名勝地が国立公園という国の格付け（レッテル）をもらうことにあった。また日本美の宣伝による国威・発揚や経済不足対策として外国人旅行者の誘致のねらいもあったと伝わっている。国立公園法は米国の国立公園に範をとり、「自然の大風景地を保護するとともに、国民の保健、休養、教化に資すること」（旧国立公園法1条）を国立公園の目的に掲げた（畠山 2004：205～207）。

戦後、国定公園制度の導入や都道府県で自然公園を独自に指定する動きが強まり、国立公園との関係で自治体が条例で自然保護のための地域指定や土地利用規制をすることの是非が問われることとなった。そこで、1957年に混乱した制度を整理し、「法律と条例の関係」を明確にするために国立公園法を改正し自然公園法が制定された。国立公園、国定公園、都道府県立自然公園からなる総合的な自然公園制度が確立した（畠山 2004：207～208）。

国立公園制度の問題として、1960～70年代の観光道路が、充分な規制がないままに建設され世論の大きな批判をまねいたことや、国立公園内での国有林の伐採問題がある。地域・地種区分に応じた林業施業基準が定められているが、その内容は後述したい。

(3) 生物多様性重視の法政策へ

1970年代からは自然保護関係の法整備や政策策定に生態系や生物多様性が重要視されるようになった。1972年は国内外で自然保護のエポックになった年と位置づけられる。

1972年にストックホルムで国連人間環境会議が開催され、歴史に残る人間環境宣言（ストックホルム宣言）が出された[2]。この宣言の第3項に「われわれは、地球上の多くの地域においてわれわれの周囲に人工の害が増大しつつあることを知っている」としその害のひとつとして「生物圏の生態学的均衡に関する大きなかつ望ましくないかく乱」をあげている。「生物圏の生態学的均衡」という表現がこのような重要な宣言に入ったことが注目される。

一方、わが国の法制面では1972年に自然環境保全を総合的に進めていくために自然環境保全法が制定された。その第1条に本法の目的として、自然環境保全の特に必要な地域等の生物多様性の確保、その他の自然環境の適正な保全の総合的推進を掲げている。本法はわが国の法目的に最初に生態系の保全の概念が示され法律と考えられる。

行政面では、自然環境行政の憲章とも言える環境保全基本方針[3]に「自然は、人間生活にとって、広い意味での自然環境を形成し、生命をはぐくむ母胎であり、(中略)人間活動も、日光、大気、水、土、生物などによって構成されている微妙な系を乱さないこと基本条件として営む」という考え方を示している(生物多様性政策研究会 2006：174)。政策の基本方針の策定に生態学的配慮が必要なことを示していると言える。

1992年、国連環境開発会議でリオ宣言とともに生物多様性条約が採択され翌年発効し、わが国も締結した。同条約の目的(第1条)として生物の多様性の保全、その構成要素の持続可能な利用および遺伝資源の利用から生ずる利益の公正かつ衡平な分配が掲げられている。この条約により生物多様性の取り組みの重要性が世界で認識された。

わが国の法制面では、1993年には環境基本法が制定され、施策の策定等の基本指針として第14条の2項に生態系の多様性の確保、野生生物の種の保存その他の生物の多様性の確保が図られることが規定されている。環境保全政策の基本として生態系の多様性、生物多様性の確保を図ることが義務づけられたと言える。1997年、環境影響評価法が成立し、関連の行政立法で評価項目に生態系も組み入れられた[4]。2002年、鳥獣保護法には「生物の多様性の確保」が法目的に取り込まれた。

2008年には生物多様性基本法が成立し生物多様性の概念が法律に明記され(後述)、2009年には本法の成立を受け、自然環境保全法と自然公園法が改正され、それぞれの第1条に「生物多様性の確保」が法目的として書き込まれた[5]（交告 2012：672～673）。また、都市計画法、海岸法、森林法、河川法等の目的規定にも生物多様性保全が入れられた。

生物多様性条約第6条に基づき各国は生物多様性国家戦略（以下、国家戦略）の策定が求められている。わが国は1995年に国家戦略、2002年に新国家戦略、2007年に第3次国家戦略を策定している。2010年に国家戦略2010が閣議決定され、都道府県および市町村でも生物多様性地域戦略の策定に努めることになった。2014年3月末現在、31都道府県、44市町村等で策定されている（環境省 2014：183）。千葉県のように2003年に生物多様性戦略を条例化している例もある。

2012年9月に「生物多様性国家戦略2012～2020」が閣議決定されたが、生物多様性条約第10回締約国会議（COP10）で採択された「愛知目標」を基本戦略とした2020年までの国家戦略を示したものである。

里地、里山の保全の重要性が生物多様性保全面からも認識され、自治体、地域住民、NPO等により保全活動が推進されている。環境省は2013年9月に「SATOYAMAイニシアティブ推進ネットワーク」[6]を発足させ多様な主体の連携により里地里山の保全、活用を国民的取り組みに展開していくことを目指している。

2　自然や景観に関する権利、利益

第2講で米国西海岸でのマダラフクロウの保護と原生林伐採反対運動の事例を取りあげた。人間でないマダラフクロウが自身の保護を訴えて、裁判を起こすことができるのか、法律論としても自然科学的に見ても興味深い問題である。

私達人間と自然や景観との間にどのような権利や利益関係があるのか、環境法の因って立つ考え方、理念から考えてみたい。

(1)　環境権

①環境権の考え方　環境権は公害が多発した昭和45年に大阪弁護士会を中心に提唱されたもので、環境権とは環境を破壊から守るために、環境を支配し、良い環境を享受しうる権利であり、みだりに環境を汚染し、住民の快適な生活を妨げ、あるいは妨げようとしている者に対しては、この権利に基づいて、妨害の排除、または予防を請求しうるものとされた。

環境権は「環境を破壊から守るために、良い環境を享受しうる権利」とされているが、環境基本法の中では3条（環境の恵沢の享受と継承等）が関連しているも、明文化がおかれているわけでは

写真1　米国ワシントン州の森林（2000年）

ない(大塚２０１３：40)。

１９７２年の人間環境宣言第1原則で環境権の考え方が示され、１９９２年のリオ宣言にもその趣旨がみられる。他方、憲法上の基本的人権としての環境権については、憲法13条(幸福追求権)、25条(生存権)を根拠に学説上は支配的な見解となっているとされている(淡路ら２００２：59)。憲法改正論議のなかで、「環境権」は新しい人権として注目されているが規定とすることに法学者の中で賛否両論がある(北村２０１１：１０１)。

② 環境権の訴訟上の課題　環境権は訴訟における権利としての側面と環境法の理念としての側面があり、両者は交錯すると考えられている(大塚２０１３：40)。環境権は環境法の理念として認められているものの、環境権を請求の基礎とした訴訟は数多く提起されてきたが、私権としての環境権は裁判例上認められてこなかった(大塚２０１３：40、北村２０１１：97)。その理由としては、環境利益は原告の個別的利益と考えられにくいという説や(大塚２０１３：42)、そもそも個人が自由に使用収益できることを前提とする「権利」というラベルを公共的関心事である環境に付するのが適切か否か疑わしいとの、個人権としての限界を唱える説がある(北村２０１３：50)。環境権という概念は民事訴訟で使うものでなくて法政策の場面で使うものとする意見(北村２０１１：１００)が環境法の研究者に多い。

環境権には将来の世代やほかの生物に対する(道徳的・倫理的)義務等がともなうので、こうした義務を引き受ける覚悟がなければ安易に主張すべきでないとする(畠山２００４：42、43)、生物に対する義務に着目した環境権慎重論もある。

環境破壊から自然を守るために森林伐採やリゾート開発の中止に関して環境権を法的根拠として訴訟を提訴しても、裁判では認められないと考えられる。[7]

(2) 自然享有権、自然享有利益

① 自然享有権の概念、考え方　自然享有権は1956年に日本弁護士連合会人権擁護大会で採択された「自然保護のための権利確立に関する提言」(資料1)の中で提唱された。

この提言にもとづき、自然享有権の概念、考え方が研究者により示されているが代表的な説を次に示したい。

自然の恵みを受ける権利に着目した概念として、「国民が生命あるいは人間らしい生活を維持するために不可欠な自然の恵沢を受ける権利」(大塚2013：48)とする説がある。

また、将来世代に対する責任に重きを置き、「将来世代の信託にもとづいて、現代世代は自然を保護し、継承する責務を有し、自然破壊を排除する権利を有すと観念する」との考え方がある(北村2013：51、淡路ら2002：156)。

なお、憲法との関係では、権利の根源として、憲法13条(幸福追求権)、25条(生存権)に実定法上の根拠を見出すことができるとされている(淡路ら2002：156)。

② 自然享有権と個人の権利　個人の権利としての位置づけをいくつかの説から考えてみたい。

自然享有権は自然を公共財とみて、自然支配権を想定せず「自然という有機的集合体から恵みを受

けることについての権利」で環境権とは異なり、環境からの「享受」という点に着目して、被害者の個別的利益に近づけたと考えられている。この考え方に立脚し私権としての厳密な意味での「権利性」が認められるかは疑問とし、法的利益としての「自然享有利益」として承認されていくべきものとの考え方がある(大塚2013:48)。また、自然享有権は環境権とは異なって「誰でもが持つ権利」で個人権を基調とする司法システムのもとでの解釈論としてこうした権利を創出するのは難しいと考えられ、その実現のためには立法措置が要すとされている(北村2011:51)。

有力な諸説からみて、自然享有権は環境法の理念、考え方としては認められているが私権としての権利性は認められ難いと考えられる。

(3) 自然の権利、自然の権利訴訟

① 米国での自然の権利の考え方

自然の権利は米国で生まれた考え方で、第2講でマダラフクロウ[8]保護の自然の権利訴訟について述べたが米国の森林産業、森林政策に大きな影響を与えた事件である。自然の権利とは自然物自体に法的権利を認める考え方で(大塚2010:63)、「自然の権利」訴訟とは自然を保護するために、野生生物や自然環境を原告に連ね[9]、または、市民がそれを代理する形で提起される自然保護訴訟であるとされている(大塚2013:48)。また、原告名に動植物や自然物そのものを連ねたり、「自然環境の固有の権利」を人間が代理し、野生生物や自然環境を象徴的に取り扱う形で提起される自然保護訴訟とする説もある(淡路ら2002:157)。この「自然環境固有の権利」が自然の権利を指していると考えられる。

自然の権利の考え方は、1972年に発表されたクリストファー・ストーンの「樹木が法廷に立てるか」(Should Trees Have Standing ?)[10]と題する論文で唱えられたのが最初である。このストーン論文は「樹木の当事者適格」論文とも称され、自然物が権利を持つと説き、次に述べるシエラクラブ対モートン事件を意識して書かれたものとされている。

② 米国の自然の権利訴訟　1972年のシエラクラブ対モートン事件とは、カリフォルニア州セコイア国有林にあるミネラルキング渓谷にウォルト・ディズニー社が広大なスキー場、リゾート開発を計画したが、それに反対する有力な環境保護団体であるシエラクラブが開発許可の違法性を主張して差止命令を求めて提訴した事件である。この事件の連邦最高裁判決の中で、少数意見としてダグラス判事が訴訟の真の当事者はミネラルキング渓谷自体でありシエラクラブはその代弁者として訴訟を追行しうるとした(大塚 2013：49)。

この判決は、第1に環境的利益を行政事件訴訟法による法的利益とし、その侵害を主張するものに原告適格を認めたこと、第2にダグラス判事の少数意見で自然の権利訴訟を可能とする法理論が展開されたことに意義があるとし、米国の環境判例上金字塔的なものと評価されている(山村・関根 1996：138)。

その後、パリーラ鳥を環境保護団体が代理に原告となって提訴した、パリーラ対ハワイ州土地自然資源局事件(1978年)では、原告らが勝訴している。さらに1991年には前出のマグラフクロウ(シマフクロウ)対ルジャン事件や1992年のマーレット鳥対ルジャン事件等が知られている。[11]これ等の事件の裁判内容については山村・関根の『自然の権利』（1996）の138頁から180頁に詳細に述べられている。

自然の権利の主張の目的のひとつは、市民、NGOの訴訟提起を認めることにあり、米国では、絶滅危惧種保存法が市民訴訟[12]条項を設けたことにより達成されたと見られている。

③ 自然の権利と環境倫理

自然の権利訴訟の背景として1970年代の米国の環境志向の潮流や人間中心主義から自然中心主義を唱える環境倫理の影響があると考えられている（山村・関根1996：120、大塚2013：49）。

環境倫理学では「自然の生存権」として人間だけでなく、生物の種、生態系、景観などにも生存の権利があるので勝手にそれを否定してはならないと考えられている（加藤1991：1）。米国の自然の権利訴訟で絶滅危惧種に原告適格を認めているのは環境倫理学で生物の種の生存権に対して自然の生存権を求めているという考え方と整合していると思われる。

④ わが国の自然の権利訴訟

わが国では奄美大島のアマミノクロウサギ訴訟として知られる林地開発許可の取消訴訟（2001年1月 鹿児島地裁判決）や住民訴訟のオオヒシクイ事件（1996年4月東京高裁判決）がある。いずれも動物と市民を原告として、県知事を被告として訴えたものであるが訴えは却下されている（淡路ら2011：184～187）。わが国の実定法、訴訟で自然自体に原告適格を認めることは困難なことをこれ等の判例は示している。むしろ、原告適格の拡大や市民訴訟の導入を含めて正面から改善することが今後の課題と考えられている（大塚2013：49）。

⑤ 辺野古のジュゴン保護訴訟　政府が米軍普天間飛行場の移転先としている名護市辺野古沖に生息するジュゴン（わが国の天然記念物、絶滅危惧種）の保護は環境影響評価でも問題となっている。ジュゴンの保護を求める「沖縄ジュゴン訴訟」の原告団である日米の環境保護団体が米国の文化財保護法に基づき、米国で訴訟を起こしている。新基地の埋立て工事の差止めを求める申し立てで、サンフランシスコ地裁で訴えが2014年8月に受理されている。[13] この裁判は自然の権利訴訟とも位置づけされており、裁判のなりゆきが注目される。

⑥ シロクマ公害調停　わが国の環境保護団体、ホッキョクグマなどは、電力会社を相手として、CO_2排出量を1990年比29%以上削減することを求め、公害等調整委員会に対して調停を申請した。公調委は地球温暖化問題は「公害」とは別の概念として位置づけられ、「地球環境保全」として取り組まれるべき課題であること等をあげこの調停を却下した。ホッキョクグマは申請人適格が認められないと解されるが、本決定は特に触れられていない（大塚 2013：374 参照のこと）。

(4) 景観利益、景観権

① 景観権、景観利益とは　景観権とは環境権の一類型として、自然物ないし歴史的景観を享受する権利とされているが、権利主体、権利内容等が不明確で、一部の個人の権利行使には親しみにくいとして裁判上認められてなかった（淡路ら 2002：93、94）。

景観利益とは良好な景観に近接する地域内に居住する者が有する良好な景観の恵沢を享受する利益と考えられる（北村 2013：219）。後述の国立景観訴訟最高裁判決で景観利益が認められた。その後、鞆の浦世界遺産訴訟でも認められた。

②国立市大学通りマンション事件（国立景観訴訟） 国立市の「大学通り」は両側に桜と高さ約20ｍの銀杏の並木が連なり、特に一橋大学より南の地域はその景観が維持されていた。その通りに面して㈱明和地所が高さ44ｍ弱の大規模マンションを計画し、着工した。地域住民の原告らが建築行為の差止めを求めた事件である。

最高裁判決（２００６年３月30日）は、従来環境の一種と考えられていた景観について、その良好な景観の恵沢の「享受」を３つの要件[14]の下で民法７０９条の「法律上保護される利益」である個別的利益（景観利益）として捉えた画期的な判決である。この判決は環境（としての景観）自体でなく、環境からの「享受」に着目した個別的利益を導き出している。「権利」とすることは当面難しいとし、「法律上保護された利益」として認めたにすぎないと理解されている[15]（大塚２０１３：42、北村２０１３：２１９）。

なお、判決は㈱明和地所と建築請負会社に対し、大学通りに面したマンション１棟の高さ20ｍを超える部分の撤去を命じた。

③鞆の浦世界遺産訴訟 広島県福山市にある鞆の浦は古くから景勝の地とし著名である。また、瀬戸内海航路の潮待ちの港として栄え、近世の港湾施設である波止め、常夜燈、船番所等がセットとして残り、近世港湾都市として歴史的価値も高い。宮崎駿監督「崖の上のポニョ」のモデルとなった地区としても有名である。広島県および福山市は、交通渋滞解消を目的に鞆の浦を埋立てて道路建設、架橋事業を計画し、広島県知事に埋立て免許を出願した。

近接地域に居住する住民（原告）は、景観利益が埋立て・架橋により侵害されると主張し、広島県を被告として公共水面埋立法の免許差止訴訟を求める行政訴訟を提起した。

広島地裁判決（２００９年10月1日）では、前出の最高裁の国立景観訴訟判決を引用し、「鞆の景観」の景観利益を認め、鞆の浦の景観に、歴史的・文化的にも高い価値を有するとし、近接地域に居住する住民は法的保護に値すると判断している。景観利益が法的保護に値する利益とされたことでこうした展開ができたと評されている。なお判決では鞆町居住者全てに原告適格と認めている（淡路ら２０１１：１７８、１７９、北村２０１１：１３０、１３１）。

写真２　鞆の浦（2012年、熊谷克樹氏提供）

地裁判決後、県は広島高裁に控訴したが、県は鞆地区地域振興住民協議会を設置し、事業推進派・反対派住民を交えた意見交換を行っている。広島県、福山市は実質的には埋立てを断念していると見られている。

３　まとめ

わが国の自然保護の歴史は長く森林保全の歴史であった。古代には大和地方の一部ですでに禁伐林が設けられていた。江戸時代には多くの藩で留木、留山制度でヒノキやスギ林が守られていた。明治時代、近代法制下では森林法(1897年)を中心に展開され、鳥獣の保護は狩猟法(1895年)によりなされていた。

大正時代に入ると自然保護はすぐれた自然景観を保護する視点から取り組まれ史蹟名勝天然記念物保存法(1919年)と国立公園法(1931年)が制定された。戦後、国立公園法は自然公園法(1957年)として生まれ変った。同法は自然保護よりも景勝地の観光など利用目的に重点が置かれていた。

1970年代に入ると法制度でも生態系や生物多様性が重要視されるようになり、自然環境保全法(1972年)が制定され、生物多様性の確保が法目的に入った。本格的な取り組みは生物多様性基本法(2008年)の制定からで自然環境保全法、自然公園法の法目的に生物多様性の確保が書き込まれた。政策面では環境保全基本方針(1973年)に政策の基本方針策定に生態学的配慮の必要なことが示された。生物多様性条約の締結(1993年)にともない、生物多様性国家戦略が策定された(1995年)。現在は「生物多様性国家戦略2012~2020」の下で政策は推進されている。

米国では1970年代の初頭から自然物自体に法的権利を認めようとする「自然の権利」の考え方が自然保護の理念や訴訟で検討されるようになった。

わが国では1970年に大阪弁護士会が環境権の考え方を提唱したが、現在では、環境に個人的権利を認めることには限界があり、訴訟で使うものでなく法政策の理念、考え方として使うものとの説が多い。

１９８６年には自然享有権の考え方が日本弁護士連合会で提唱された。現在では、自然享有権は環境法の理念、考え方としては認められているが私権としての権利性は認め難いとし、法的利益としては自然享有利益として認められるとする説が有力である。

１９９０年代に入りわが国でも、自然の権利訴訟が提起されたが、アマミノクロウサギ訴訟判決（２００１年鹿児島地裁）、オオヒシクイ事件判決（１９９６年東京高裁）では、自然物自体に原告適告を認めていない。原告適格の拡大や市民訴訟の導入を含め改善することが自然の権利訴訟の課題と考えられている。日米の環境保護団体が米国で提起している辺野古のジュゴン保護訴訟の今後のなりゆきが注目される。

国立景観訴訟の最高裁判決（２００６年）に鞆の浦世界遺産訴訟の広島地裁判決（２００９年）で、景観権は認められなかったが、景観利益が法律上保護される利益として認められた。景観利益は自然享有利益と類似していると考えられ、景観利益を、自然保護をめぐる環境法での考え方の一連の流れの中で、見ると分かりやすいと思われる。

自然や生き物は自らを法的に守ることはできない。そこで人間が自然や生き物に代わって代弁者として法的にどのように訴えたらよいのか、わが国の現行法制下では難題である。米国の自然の権利訴訟では絶滅危惧種に限って原告適格を認めていることに学び、法制度を改善していくことが必要と考えられる。

注

[1] 鳥獣保護および狩猟ニ関スル法律（大正7年4月4日法律第32号）。
[2] 国連ではストックホルム会議を皮切りに10年に1度、環境に関する会議（総会）が開催されており、1992年の国連環境開発会議（地球サミット）、リオ宣言や2002年の持続可能を開発に関する世界首脳会議（ヨハネスブルグサミット）、ヨハネスブルグ宣言は有名である。
[3] 政府は自然環境保全法第12条に基づき策定が義務づけられている。
[4] 環境要素の区分として生物多様性の確保および自然環境の体系的保全があり、その中に生態系が含まれる。
[5] 生物多様性基本法第25条には環境影響評価について規定しており、環境影響評価法でもこの25条は重視すべき条文と考えられる。
[6] わが国と国連大学が共同で「SATOYAMAイニシアティブ」の考え方を提唱し、生物多様性条約COP10（2010年）でSATOYAMAイニシアティブ国際パートナーシップ（IPSI）が創設された（環境白書平成26年版、24頁）。
[7] 環境権を差止め請求の法的根拠とした裁判例としては伊達火力発電所事件がある。北村（2013：50）、および『環境法判例百選』（淡路ら2011）16頁を参照のこと。
[8] Northern Spotted Owl、シマフクロウとも訳される。
[9] 民事訴訟または行政事件訴訟で、裁判所に訴えを提起する側の当事者の呼称のこと。原告適格とは審判

の対象である権利関係の存否に関し、原告として訴訟を受けることのできる資格で訴えが適法であるための要件のこと（『法律用語辞典』法令用語研究会2006：369、370）。

[10] Standingsは原告適格のことと解される（研究社新英和大辞典、2397頁、Oxford Dictionary、1493頁参照）。

[11] 被告名に人名が出ているがルジャンやモートンは当時の内務省長官である。

[12] 環境法の違反行為者に対し、市民がその違反の是正を要求する訴訟で、米国環境法に見られる（淡路ら2002：165）。

[13] 沖縄タイムズ、2014年8月19日、琉球新報、2013年11月16日。

[14] 客観的に良好な景観、近接する地域内の居住（近接居住性）、恵沢の日常的享受（日常享受性）の3要件。

[15] 判決内容は、『環境法判例百選』（淡路ら2011）の172、173頁を参照。

文　献

淡路剛久ら（編）（2002）『環境法辞典』、有斐閣。

淡路剛久ら（2011）『環境法判例百選（第2版）』、有斐閣。

大塚　直（2010）『環境法（第3版）』、有斐閣。

大塚　直（2013）『BASIC環境法』、有斐閣。

太田伊久雄（2008）「自然環境保護」、遠藤日雄（編）『現代森林政策学』所収、日本林業調査会。

加藤峰夫（2012）「自然環境保全関連法の課題と展望」、新見育文也（編）『環境法大系』所収、商事法務。

加藤尚武（1991）『環境倫理学のすすめ』、丸善。

環境省（２０１４）「環境白書 平成26年版」。

北村喜宣（２０１１）『プレップ環境法（第2版）』、弘文堂。

北村喜宣（２０１３）『環境法（第2版）』、弘文堂。

交告尚史（２０１２）「生物多様性関連法の課題と展望」、新見育文也（編）『環境法大系』所収、商事法務。

生物多様性政策研究会（２００６）『生物多様性キーワード事典』、中央法規。

畠山武道（２００４）『自然保護講義（第2版）』、北海道大学図書刊行会。

法令用語研究会（編）（２００６）『有斐閣 法律用語辞典（第3版）』、有斐閣。

西岡常一・小原二郎（１９７８）『法隆寺を支えた木』、日本放送出版協会。

山村恒年・関根孝道（編）（１９９６）『自然の権利』、信山社。

第８講　わが国の自然環境保護の法政策と主要な法律

わが国の自然保護に関する法政策の歴史的経緯や自然や景観保護に関する主な考え方と法的な位置づけについて第７講で述べた。本講はその続きとしてわが国でどのような法律や政策に基づいて自然環境や動植物の保護が行われているのか、法体系や基本政策と主要な法律についてその概要を述べたい。

1　法体系と基本政策

(1) 自然環境保護に関する法体系とその特徴

① 法体系の概要

わが国の自然環境保護の法体系と主な法律を表1に示した（大塚2010：569、2013：305）。

表1　自然環境保全法の法体系と基本政策

Ⅰ　生物多様性の保全
・生物多様性基本法（2008年制定） ・生物多様性国家戦略（基本法11－13条による）
Ⅱ　地域的自然環境の保全・再生
・自然公園法（1957制定） ・自然環境保全法（1972制定） ・自然再生推進法（2002年制定） ・生物多様性地域連携促進法（里地里山法、2010年）
Ⅲ　野生生物の保護
・絶滅種の保存法（希少種保存法、1992年） ・鳥獣保護法（1895年狩猟法制定、2002年改正） ・外来生物法（2004年制定） ・カルタヘナ法（2003年制定）
Ⅳ　海浜・河川環境及び景観アメニティの保全
1.　海浜環境の保全 ・公有水面埋立法（1921年） ・海岸法（1956年） ・瀬戸内海環境保全特別措置法（1978年） 2.　河川環境の保全 ・河川法（1896年制定、1964年全面改正） 3.　景観・アメニティ保全 ・総合保養地整備法（リゾート法、1987年） ・景観法（2004年）

出典：大塚（2010・2013）を基に作成

大別する生物多様性の保全に関する法と地域的自然環境の保全と再生に関する法があり、後者では自然環境保全法と自然公園法が自然保護法制の2本柱とされている。さらに野生生物の保護に関する法として鳥獣保護、絶滅種の生物使用規制（カルタヘナ法）等がある。

自然環境保全の法体系に海浜・河川環境や景観・アメニティの保

全に関する法を含めることも必要と考えられている。生物多様性基本法制定にともない、海岸法、河川法等の目的規定に生物多様性の保全が入れられたこともあり、これらの法律と自然環境保全に関する諸法との関連が必要になってきている。また、景観についても第７講で述べた景観利益を含め重要な分野となっている。

森林法や森林・林業基本法は**表１**に含まれていないが、当然ながら自然環境保全の法体系と深く関係している。

②自然環境保護法の特徴

ⅰ　生態系保全の重視　現代の環境法は生態系保全を中心的な法政策としていると考えられている（北村２０１１：１０７）。環境基本法３条には、環境は生態系が微妙な均衡を保つことにより成り立っており、人類存続の基盤であり、有限なことが唱えられている。また、同法14条２項には環境の保全に関する基本的施策の策定にあたっては生態系の多様性の確保等を旨することが規定されている。自然公園法３条では国、地方公共団体の責務として生態系の多様性の確保を旨として施策を講じることを掲げている。また、自然環境保全法２条では国の責務として上記の環境基本法３条等にのっとって自然環境の保全に努めることを規定している。

ⅱ　自然環境保全手法の特徴　地域環境を維持するために、一定の地域を指定し、その利用を規制する方法であるゾーニング（地域地区制）の手法が採用されている。例えば、自然環境保全地域は自然環境保全法で、自然公園は自然公園法で、各々制限行為が規定されている。

公害規制の場合は中央集権的で画一的手法が有効であったが、自然保護ではこのような手法はむしろ有害で地域の実情に応じることのできる個別的で柔軟な手法が有効と考えられている。また、自然保護ではとくに住民参加が要請されており、公害規制と自然保護とでは住民参加程度に明らかな違いがあるべきとされている（畠山２００４：23、24）。

iii　自然公園の土地所有形式、管理方式の特色　わが国の国立公園は、米国やカナダと公園の所有形態が全く異なっている。米国、カナダでは国立公園担当部局がその土地の大部分を所有する営造物公園が主である。[1] わが国では国立公園の区域の中に国有地と民有地が混在し、居住地や農林業等の産業が行われている地域も多く公有地化が困難であった。[2] そこで国有地・私有地を問わず一定の地域を指定し、利用活動を規制する「地域制（ゾーニング）公園」の形式がとられ、公用制限を課す方式がとられている。狭い国土の中で土地の多目的利用を前提とせざるを得ないわが国の事情に基づいた制度とみられている（大塚２０１３：３１１）。

iv　財産権の尊重　自然公園の土地所有権の問題が第7講で述べた様々な問題を生んでいるが最も大きな問題は第6講1・(2)でも述べた私有地の財産権の尊重から生じる紛争である。自然環境保全法3条には「自然環境の保全に当たっては、関係者の所有権その他財産権を尊重する」と規定されており、同様の趣旨の規定は自然公園法4条、絶滅種保存法3条にもみられる。例えば、山林所有者が国定公園内の自己所有の山林内で露天堀りによる岩石採取を計画し許可申請をし、知事がこれを拒否し裁判となった事例がある。[3]

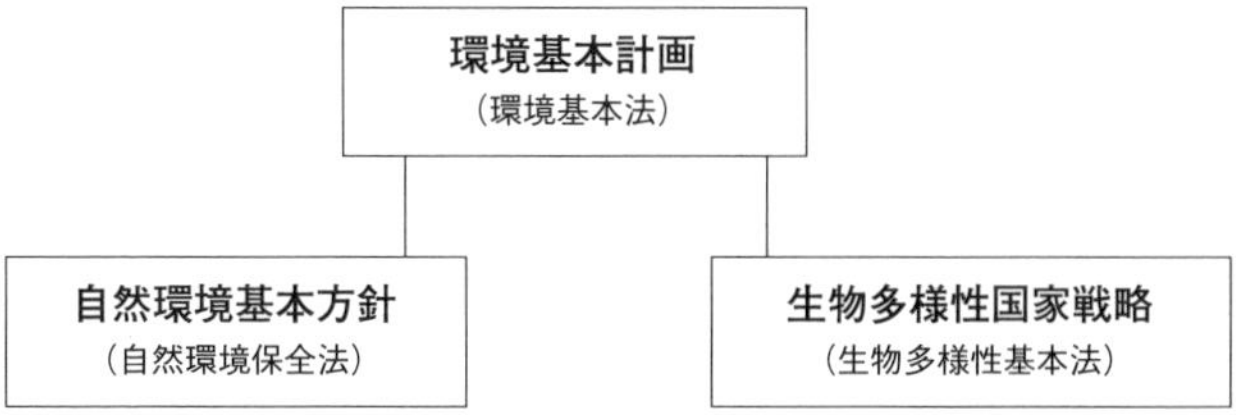

図1　自然保護政策の体系

(2) わが国の自然保護に関する基本政策

基本政策は環境基本計画の下で、自然環境保全基本方針と生物多様性国家戦略に基づいて推進されている(図1)。

i　環境基本計画　環境基本計画は環境基本法15条に基づき環境大臣が総合的、長期的施策の大綱を定めるもので、環境大臣は中央環境審議会(以下中環審)の意見を聴いて案を作成し閣議決定を経て決定される。現在は第４次環境基本計画(２０１２年４月策定)に基づいて政策が推進されている。中環審は計画に基づく施策の進捗状況を毎年点検し、政策の方向を政府に報告することになっているが、２０１４年は「経済・社会のグリーン化とグリーン・イノベーションの推進」、「生物多様性の保全及び持続可能な利用の取組」等７項目が点検項目にあげられている(環境省２０１４)。

ii　自然環境保全基本方針　自然環境保全法12条に基づき、自然環境保全の基本構想、自然環境保全地域などの指定方針や保全施策を定めるもので、環境大臣は中環審の意見を聞き、案を作成し閣議決定を経て決定される。

iii　生物多様性国家戦略　生物多様性条約６条により締約国は策定を義務付けられ、１９９５年に策定された。その後２００８年、生物多様性基本法制定により同法11条に基づき策定されている。

生物多様性国家戦略（以下、国家戦略）は、生物多様性保全及び持続可能な利用の総合的、計画的な推進を図るため、基本的計画を定めるもので、環境大臣は中環審の意見を聴き閣議決定を経て決定される。国家戦略で定める事項としては、生物多様性保全と持続可能な利用に関する施策の基本方針、目標、講ずる施策等である。

現在は、2012年9月に閣議決定された「生物多様性国家戦略2012～2020」（以下、国家戦略2012）に基づいて推進されている。国家戦略2012は2010年10月名古屋市で開催された生物多様性条約第10回締約国会議（COP10）で採択された愛知目標[4]を踏まえて策定されている。国家戦略2012には次の5項目の基本戦略が示されている。生物多様性の社会への浸透、地域における人と自然の関係の見直しと再構築、森・里・川・海のつながりの確保、地球規模の視野での行動等である。これらの基本戦略は愛知目標に踏まえて設定した13の国別目標と48の主要行動目標に基づいて推進されている。進捗状況は環境白書に詳細に報告されている（環境省2014：19、20、174、175）。

2　生物多様性基本法（平成20年6月6日法律第58号）

(1)　制定の背景、趣旨

1992年に生物多様性条約が採択され、自然環境保全の目的が生物多様性の保護にあるとする考え方が一般化し、基本法と制定する必要性が高まったことが制定の背景にある。

本法の趣旨は前文に詳しく述べられているが（資料8－1参照）、要点は次のとおりである。生物の多様性は人類の存続の基盤であり、地域独自の文化の多様性をも支えていること。開発等人間活動により生物多様性は危機に直面していること。わが国は生物多様性確保のために先導的役割を担うことが重要なこと。これらのことを認識した上で、生物多様性の恵沢を将来にわたり享受できる持続可能な社会の実現に向け一歩を踏み出し、第1条に定める目的を達成するためにこの法律を制定すると述べている。

(2) 本法の目的

本法の目的は生物多様性の保全及び持続可能な利用に関する施策を総合的、計画的に推進することにより、豊かな生物多様性を保全し、その恵沢を将来にわたって享受できる自然共生社会の実現を図り、合わせて地球環境保全に寄与することを目的としている（1条の後段）。

この目的を達成するために生物多様性の保全と持続可能な利用に関して、基本原則を定め、各主体の責務を明らかにし、施策の基本事項を定めるとしている（1条の前段）。

この目的で重要なのは「保全と持続可能な利用」である。自然の保全、保存、保護の用語は法律上明確に使い分けられていることは第6講の1の(2)で述べたが、保全には自然を管理し合理的に利用するとの趣旨があり、合理的な利用とは人間の人間による「賢明な利用」（wise use）を意味すると考えられている。

従って、本法の目的は人間の活動を禁止してでも生物多様性を厳正に守る（保存）のではなく、持続

写真1　長野県北相木村天然カラマツの再生林

牧場跡地に残っていた天然木(写真中央)が母樹となり周辺に森林が再生し生態系の保全で価値のある森林が形成されている(2014.12)。

写真2　米国ワシントン州施業地での生態系遷移配慮施業

伐採地の一部を帯状に伐採せずに残し生態系遷移を図っている。写真の右手前の立木の樹皮には昔の山火事により黒く焼け焦げた跡が残っている(2000)。

可能な方法で人間生活に利用することと理解される。

「生物の多様性の保全及び持続可能な利用」は、利用を前提としての保全であり、法学的に考えると基本的に人間中心主義[5]の立場に立たざるを得ないとの考え方がある(北村２０１３：５５０)。

(3) 定　義

i　生物多様性(2条1項)　様々な生態系の存在、生物の種間及び種内に様々な差異が存在することと定義されている。

生物多様性条約２条では、生物の多様性とはすべての生物間の差異性をいうものとし、種内の多様性、種間の多様性及び生態系の多様性を含むと厳密に定義している[6]。

ii　持続可能な利用(2条2項)　現在及び将来の世代の人間が生物の多様性の恵沢を享

受するとともに、持続可能な方法により生物多様性の構成要素を利用することと定義されている。持続可能な方法とは生物多様性が将来にわたって維持されるよう、生物多様性の恵沢の長期的減少をもたらさない方法と規定されている。[7]

この定義をわかりやすく示すと、生物資源は再生できる資源である。持続可能な利用とは、この再生能力を超えない範囲で資源を損なうことなく、将来にわたる継続的な利用が保障される方法で利用していこうとするものと解釈できる（生物多様性政策研究会 2006：156）。

(4) 基本原則

生物多様性の保全と利用に関する5つの基本原則が本法の3条1項から5項に示されている。その主な点は次のとおりであるが、重要な基本原則である2・3・4項の全文を資料8－2に示した。これらの3項目は自然保護法制全体にとっても重要と考えられている（北村 2013：551）。

第1項　生物多様性保全の取り組みの原則
第2項　生物多様性に配慮した国土、自然資源の持続可能な方法による利用を旨とする
第3項　予防的な取組方法と順応的取組方法による対応方法を旨とする
第4項　長期的観点からの生態系等の保全、再生に努めることを旨とする
第5項　地球温暖化防止に資するとの認識の下に行うこと

第2項、第3項はリオ宣言や環境法の基本的な考え方（理念）である持続可能な発展原則や予防原則（予防的アプローチ）[8]を生物多様性の取組みで定めて示したものと考えられる。

第3項に示されている順応的取り組みのことを順応的管理とも称するが、事業の着手後に生物多様性の状況を監視し、その結果を科学的に評価し事業等に反映させる方法による取り組みのことである（3条3項）。自然再生推進法にもこの手法が導入されている。野生生物や生態系の管理は不確実性や変動性がともなうことから計画（Plan）、実施（Do）、点検（Check）、マネジメントレビュー（Act）のＩＳＯ１４００１環境管理システムのような手法の導入が効果的と考えられる。

(5) 生物多様性国家戦略の策定（11条）

前出の１・(2)で概要を述べたので国の他の計画との関係について追記しておきたい。12条2項では、環境基本計画、生物多様性国家戦略以外の国の計画は生物多様性保全及び持続可能な利用に関しては、生物多様性国家戦略を基本にするものと定めている。従って例えば森林・林業基本計画で生物多様性保存・利用に関する計画の部分は生物多様性国家戦略を基本として策定する必要がある。

(6) 基本的施策に関する条項（14条以下）

① 事業計画の立案段階等での環境影響評価の推進（25条）

事業計画の立案段階等で環境影響評価の規定が入ったことは予防原則と並んで本法の注目される点として、評価されている（大塚２０１３：３０９）。

国は（中略）、生物の多様性に影響を及ぼすおそれのある事業を行う事業者等がその事業に関する計画立案段階からその事業実施までの段階において、その事業に係る生物多様性に及ぼす影響調査、予測または評価を行いその結果に基づき、生物多様性保全の適正配慮推進のための適正な措置を講ずる（一部省略）と定めている（25条）。

環境影響評価法（アセス法）と本法を比較すると環境影響評価（アセス）の実施時期はアセス法では事業の実施にあたりアセスを行う（1条）としており、一方本法では計画の立案段階でアセスを行うとしている。本法の方がより早い段階でアセスを行うことになっている。アセス法では事業の対象は環境に対する「著しい影響」のおそれのある事業とされているのに対し、本法は「生物の多様性に影響を及ぼすおそれのある事業」とされている。要件としての影響に本法では「著しい」の表現が入っていない。

これらのことから、本法25条の方がアセス法より踏み込んだアセスであり、生物多様性の保全という政策の特質に配慮して、より未然防止的（あるいは、予防的）と考えられている（北村　２０１３：３１８、５５２）。

また、アセス法の２０１１年改正で導入された計画段階環境配慮制度[9]も本法25条および後述する附則2条を踏まえたものとされている（北村　２０１３：５５２）。

なお、本法25条は自然環境保護、林野等の行政実務に携わる行政官にとってよく理解しておくべき条文と思われる。

②開発法制の目的規定への生物多様性保全の導入

本法附則2条に、政府はこの法律の目的を達成するため（中略）生物多様性保全に係る法律の施行状況について検討を加え、その結果に基づいて必要な措置を講ずると規定されている。

附則2条により都市計画法、海岸法、森林法、河川法、漁業法等多くの開発法の目的規定に生物多様性の保全が入れられた。本講1・⑴・①にも述べたが、上記の諸法が生物多様性保全に関する「つながり」を志向するようになったと評価されている。森林法については、国有林の管理において野生生物の移動経路確保を考慮した「緑の回廊」が設置されたり、河川法については、河川管理で森林のダム代替機能が正面から取り上げられている（大塚2013：309、310）。

附則2条は将来における「開発法のグリーン化」の方向性を明確に示したとされている（北村2013：552）。この条項は附則に位置づけられているが、わが国の法政策において重要な条文と考えられる。

③基本的施策

14条から26条に国の施策、27条に地方公共団体の施策が各々示されている。

3　自然公園法（昭和32年6月1日法律第161号）

⑴　全体構造と規制権限の特徴

本法は第1章総則（1～4条）、第2章国立公園および国定公園（5～71条）、第3章都道府県立自然公園(72～81条)、第4章罰則(82～90条)と4章からなり、きわめてシンプルな全体構造となっているが、現在は90ヵ条に増えている。

国立公園に関する権限は環境大臣であり、国定公園に関する権限は都道府県知事にある。国立公園と国定公園は、各々が独立した章となっていないため、同じ条の中で両方が規定されている点に特徴がある[10](北村2013：547、555)。

(2) 第1章総則(1～4条)

① **本法の目的(1条)**　先ず1条の全文を示し、条文の重要な点を項目別に述べたい。

本法の目的は「この法律は、優れた自然の風景地を保護するとともに、その利用の増進を図ることにより、国民の保険、休養及び強化に資するとともに、生物の多様性の確保に寄与することを目的とする。」と規定されている。生物多様性基本法にくらべてわかりやすい文面になっているが、内容を理解するために重要な点につき次に述べたい。

② **対象とする地域と保護、保全手法**　本法で対象とする地域は第1条で「優れた自然の風景地」と定められているが、第2条の定義ではさらにさらにランク付けされている。国立公園はわが国の風景を代表するに足りる傑出した自然の風景地とされ(2条2号)、国定公園は国立公園に準ずる優れた自然の風景地とされている(2条3号)。さらに都道府県立自然公園は優れた自然の風景地と定められている(2条4号)。いずれも「優れた自然」のみを優先する考え方が示されている。

保護、保全手法は地域指定と開発規制による「地域性」(または、前述1・⑴・②・iiの地域地区制)がとられている。この手法はある広がりを持った自然地域を対象にその内部の開発行為等を規制、禁止しその地域全体を保全する手法である。自然環境の保護、保全の代表的手法で保全地域制度、国有林内の保護林、保存林制度でこの手法がとられている（加藤２０１２：６９８）。

③ 保護と利用　１条には保護するとともに、その利用の増進を図ると定められているが、自然の「利用」という点は、この法律全体として、むしろ自然の「保護」以上に重視されていると解されている（大塚２０１３：３１２）。生態系に優れた自然でもアクセス不可能な場所は、多人数の利用に適せず国立公園に適さないことになる。[11]

３条１項には国等の責務として環境基本法第３条から第５条までに定める環境の保全についての基本理念にのっとることが１９７９年改正により定められているが、現在でも保護より利用に重点が置かれていると思われる。

④ 生物多様性の確保　生物多様性基本法が２００８年に制定されたことにともない、２００９年本法は改正され、１条の目的規定に生物多様性の確保に寄与することが追加された。また、この改正で生態系管理の活動として「生態系維持回復事業」（３条２項）が導入された。

これ等に先立ち、２００２年の改正で国等の責務として、生物多様性確保を重視した施策を講ずることが定められた（３条２項）。

生物多様性の確保は条文上整ったものの、地域性公園制度の限界や財産権の尊重から公園の利用規制を困難にし、保護が重視されないのが実情と思われる。

生物多様性保全に積極的に対応するために、「地域性」の弱点を利点に転換し、保護の面では従来型の開発規制のみでなく、里山のような「二次的な自然に対する継続的な働きかけ」等が必要で、利用の面でもエコツアーなどに対する積極的利用サービスの整備が要請されると意見がある（加藤2012：712）。生物多様性保全の保護、利用に関する積極的管理や地域住民を含めた協働管理が求められていると考えられる。

写真3　国立公園内での温泉施設（2014.9十和田八幡平国立公園）

⑤ **財産権の尊重**　わが国の自然公園制度での環境保全上の大きな障壁であることは本講1・(1)・②・iv、第5講1・(2)でも述べたとおりである。本法4条では関係者の所有権、鉱業権その他の財産権を尊重すると明記されている。

自然公園制度が地域性公園であり、憲法29条で財産権尊重が定められている限り財産権が環境保全により優先されるのが法的な制約と言える。後述するが北海道ニセコ町のように景観条例を制定、自治体で開発規制をかけている事例がある。

(3) 自然公園の種類、指定

① 種　類

自然公園には国立公園、国定公園、都道府県立自然公園の3種類があり（2条）、各々の数と面積は**表2**のとおりである。

表2　自然公園の種類と数、面積

（万 ha）

種　類	箇所数	面　積
国立公園	31	210
国定公園	56	136
都道府県立自然公園	315	198
合　計	402	544

注：国立公園、国定公園は2014年6月現在、その他は2012年6月現在

表3　国立公園、国定公園の地域・地種及び行為規制（陸域）

地域・地区		行為規制	
特別地域（20条）	特別保護地区（21条）	☆☆☆☆☆	許可制
	第1種特別地域	☆☆☆☆	
	第2種特別地域	☆☆☆	
	第3種特別地域	☆☆	
普通地域（33条）		☆	届出制

注1：行動規制は☆マークの多い程強く、少ないほど弱い
注2：第2種特別地域の中に集団施設地区（36条）がある。上高地が代表例

国立公園の数は増えていなかったが、慶良間諸島国立公園が27年ぶりに2014年3月に国立公園に指定された。また、「三陸復興国立公園の創設を核としたグリーン復興のビジョン」（2012年5月環境省）に基づき、2013年5月に三陸復興国立公園が創設された（環境省2014：477、2010：467）。

② 指定区分（20〜37条）

i 地域・地種区分　自然公園は、景観・自然保護利用上の重要性により、特別保護地区、特別地域（第1種〜第3種）、海域公園地区、普通地域の6つに分かれる。国立公園、国定公園の陸域についての区分と規制は**表3**のとおりである。

海域公園地区では、特別保護地区と特別地域に準じ、海域に合わせた内容の規制がなされている。指定動植物の採捕や海中の景観を損なうおそれのある行為は許可制である（22条）。

特別地域は公園利用上重要な地域で風致維持の必要に応じて行為規制の強弱は異なるが、工作物の新築、改築、増築、木材の伐採、鉱物掘採、土石採取、指定動物の捕獲や湿原等環境大臣が指定する区域への立ち入りその他の行為は許可を要する。20条2項で18の行為が示されている。第3種特別地域では農林漁業の活動が原則認められているが、第2種特別地域では、努めて調整を図ることが要求されている。

特別保護地区では上記の特別地域の規制項目に加えて、木竹の植栽、植物の採取、動物の捕獲等11項目の行為の許可が必要である(21条3項)。

ii　国立公園等での森林施業制限　国立公園、国定公園、都道府県立自然公園での森林の施業は1959年に国立公園部長から都道府県知事あての通達「自然公園区域内における森林の施業について」(昭和34年国発643号)[12]に基づいて、地域、地種別に森林施業制限の細目が定められている。伐採等施業に当たってはこれに従って行う必要がある。森林施業の制限の要点は次のとおりである。通達の抜粋は資料8－3を参照されたい。

a．第1種特別地域

原則としての禁伐。ただし風致維持に支障のない場合に限り単木択伐法は可能。択伐率は10％以内。

b．第2種特別地域

原則として択伐法。ただし、風致の維持に支障のない限り2ヘクタール以内の皆伐は可能。択伐、皆伐方法は細かく規定されているので資料8－3参照のこと。

c．第3種特別地域

全般的な風致の維持を考慮し施業を実施し、特に施業の制限を設けない。民有林は森林法7条7項5号の規定に基づく普通林として取り扱う[13]。

d．特別保護地区における制限

厚生大臣（現在、環境大臣）はそれぞれの地区につき農林大臣と協議して定めるものとする。通達では、協議して定めるとしているが第1種特別地域より厳しい制限となるはずである。伐採については禁止と考えられている（大塚2013：319）。

e．民有林の特別地域内の森林施業に関する手続き

特別地域（第3種特別地域を除く）内の民有林の施業に関し、知事は地域森林計画を編成する際に、特別地域の施業要件を定め厚生大臣（現在、環境大臣）の承認を受ける必要がある。

f．都道府県立自然公園

国立公園、国定公園に準じて取り扱う

以上が通達の要点であるが、上記a、b、cに見るごとく、施業制限の焦点は「風致維持に支障のない限り」であり、生態系保全等自然環境保全の観点は入っていない。例えば通達の第2種特別地域

の（ト）項のAに1伐区の皆伐面積は2㌶以内と定められているが、但し書きとして車道、集団施設等主要公園利用地点から望見されない場合は、伐区面積を拡大することができることになっている。この通達は1959年に出されたもので、現在では運用に当たって利用面のみならず、生態系保全、自然環境保全に重点を置くことが必要と考えられる。

iii　特別地域内の規制区域　立入規制区域、乗入規制区域、植栽規制区域、動物放出規制区域、利用調整地区の6地域、地区が規制区域として定められている。次の過剰利用調整のための制度について概略を述べたい。

立入規制区域は2002年改正で導入されたもので湿原その他これに類する地域のうち、環境大臣が指定し、指定された期間内に立入りが制限される（20条3項16号、21条3項1号）。

利用調整地区制度は陸域については2002年改正により、海域公園地区には2009年改正で導入された（23条、73条）。風致の破壊や高山植物、湿原植物の踏み付けなど被害の著しい場合には、適正な利用を図るため公園計画に基づき指定し、場所と期間を定め、一般的な立入りを禁止する制度である。「自由利用が原則」と言われる自然公園制度における「思想の転換」と考えられている（北村2013：319）。立入るには国立公園では環境大臣、国定公園の場合には都道府県知事の認可を受ける必要がある。この制度は過剰利用を積極的に管理することを目的としているが立入規制区域との違いは、利用方法については限定は加えるものの、利用も目的としていることである（大塚2013：323）。2011年現在、吉野熊野国立公園の大台ケ原西大台と知床国立公園の知床五湖が指定されている。

(4) 自治体の自然公園での開発規制の取り組み

自然公園での所有権など財産権の尊重の問題は前出(2)・⑤等で度々指摘したが、地方公共団体で景観条例を制定し、私有地に開発規制等をかけ景観や自然環境を保全する取り組みがある。

北海道では18の道市町村で景観条例が制定されているが、典型的な事例としてニセコ町景観条例を取り上げたい[14]。

ニセコ町景観条例（以下、景観条例）は2004年に制定され[15]、景観形成に関し、各主体の責務を明らかにし、必要な事項を定め推進し、町民一人ひとりが景観を守り、つくり、育て、快適で、潤いのあるふるさと形成に資することを目的としている。

主な内容は次のとおりである。

①条例はニセコ町全域に適用され、3つの景観地域に分類され、地域に適した景観形成を図るとしている。自然公園景観地域は支笏洞爺国立公園、ニセコ積丹小樽海岸国定公園の自然景観をなす地域を対象としている（8条）。

②町長は、景観づくりに支障を及ぼす恐れのある行為に関し条例により、必要な規制措置を講ずることが出来る（12条）。

③土地所有者の責務

土地所有者の責務等は、景観づくりの阻害しないよう常に適正な維持管理に努めなければならない(7条)。土地等適正管理については土地の所有者等は自らの責任で草木の除去、緑地の造成等を講じ、景観づくり、安全保持に努めなければならない。

④ 開発事業の適正化

開発事業の規制については第3章開発事業の適正化として28条から47条まで詳細に規定されている。開発事業者(以下、事業者)は先ず最初に、景観に影響を及ぼすおそれのある地域を対象に事前景観調査の報告書を提出し(29条)、関係住民等の理解を得るため説明会を開催し、町長にその結果を報告する義務がある(30条)。

次に事業者は事業内容、工事施工方法等町長と協議しなければならない(28条)。対象となる開発事業については28条(1)から(6)に細かく規定されている。例えば、土地の区画形質を変更する事業は5000平方メートル以上(景観地区では3000平方メートル)が協議の対象となる(28条(4)、(5))。

町長は28条の協議があった時は、関係法令、審査基準により審査するが、30条の説明会での住民の意見を勘案するとともに審査会の意見を聞くとしている(31条)。審査結果により必要があれば町長は助言、指導することができる(32条)。町長は、助言指導に基づき事業内容が変更された時は事業者に同意を通知しなければならない(33条)。同意には必要に応じて条件を付すことができる(33条2項)。町長は完了検査の結果が事前の同意内容と適合しないときは是正指導しなければならない(36条)。

事前景観調査は環境影響評価制度のようなものでこの条例の特徴の一つと思われる。規制内容は厳しく、かつ、説明会、審議会等での透明性も確保されており、開発事業者等の適正化は図れ、景観形成により自然公園での環境保全も図れると考えられる。土地所有者への規制も町長に強い権限を付与していることから私有地に対する開発規制は図れることになっている。

片山健也ニセコ町長は、「規制がニセコ町の価値を生み、徹底した規制により良好な投資を招く」と考え、景観条例はじめ注15に示した4つの条例の効果の大きいことを強調している。[16]

地方自治の専門家は条例による土地利用規制はそれが自治体の事務である限りは憲法94条[17]にもとづいて当然可能であるとしている（北村２０１３：５５５）。

ニセコ町の景観条例は自然公園での開発を規制し、景観維持、自然環境保全のために財産権、所有権に制約を課す効果があると考えられる。

(5) 自然公園内における地熱発電に関する規制・制度改革に関する動き

従来、厳しく規制されていたが、再生可能エネルギーの推進が重要な国の施策であることから地熱発電の規制が緩和された。２０１２年3月27日に「国立・国定公園内における地熱開発の取り扱いについて」（環自国発１２０３２７００１号）が環境省自然保護局長名で都道府県知事、各地方環境事務所長あてに通知された。[18] その要点は次のとおりである。

①特別保護地区、第1種特別地域については地熱発電は認めない

②第2種、第3種特別地域については、原則として認めないが、公園地域外または普通地域からの傾斜掘削は自然環境に影響のないものに限り個別に判断して認める

4　自然環境保全法（昭和47年法律85号）の概要

本法の概要につき要点のみを述べておきたい

(1)　制定の背景

1972年に制定されたが、高度成長期の自然環境破壊に対する反省や、前年の環境庁の設置などが背景にある。この時代背景の中で、自然環境保全を総合的に推進する必要性が生じたことや都道府県における自然保護に関する条例制定の動きへの対応があったとされている。

(2)　法構造の特徴

自然分野の基本法としての部分（1、2章1～12条）と自然環境の保全地域の配備を目的とする実施法の部分（3～8章）とに分かれている。本法には制定当初は公害対策基本法に匹敵する自然分野の基本法としての位置づけがあったが環境基本法の制定（1993年）により、1、2章の多くは（6条から11条までと13条）削除されている（大塚2013：326）。

(3)　目　的（1条）

自然環境を保全とすることが特に必要な区域等の生物多様性の確保その他の自然環境の適正な保全を総合的に推進することを目的としている。なお、生物多様性の確保の部分は2009年改正により入った。

表4　保全地域の種類、地域数、面積

(ha)

種　類	地域数	面　積
原生自然環境保全地域(14条)	5	5,631
自然環境保全地域(22条)	10	21,593
都道府県自然環境保全地域	543	77,398
合　計	558	104,622

注：2014年3月現在、「環境白書 平成26年版」、198頁

(4) 主な内容

①「自然環境基本方針」を定めること(12条)

②「自然環境保全基礎調査」(緑の国勢調査)の実施(4条)

③すぐれた自然環境を有する地域を「原生自然環境保全地域」、「自然環境保全地域」として指定し保全すること(14条から35条)

(5) 保全地域の種類等

保全地域の種類、地域数、面積は表4のとおりである。

自然環境保全地域はさらに特別地区、海域特別地区、普通地区に分類される。

(6) 自然公園法との目的の相違

自然公園法は3・(2)・③で述べた様に保護以上に利用を重視しているが、自然環境保全法は自然生態系保全を目的とし、原生の常態を保持し、自然性の高い地域の保全を目的としている。両法の指定地域の重複指定はない。

(7) 立法時の問題点

①立法過程での問題点　当時の環境庁、農林省(林野庁)、建設省の対立があり、保安林は原生自然環境保全地域に指定しない、自然環境保全地域内の森林施業を認めることになった。また、都市の緑地環境保全地区は建設省の

新しい立法措置に委ねることになった。

②財産権の尊重（3条）　自然公園法などと同じく3・(2)・⑤参照）、関係省の所有権その他財産権を尊重することが明記されている。

5　まとめ

国立公園、国定公園は87カ所346㌶、都道府県立自然公園を含めても402カ所542㌶、国土の14％で新たな指定は頭打ちであること、自然環境保全地域は558地域であるが約10万㌶にすぎず、拡大は困難であると見られている。このような現実の中で施策の実施に当たっては、利用より保全に重点をおき、保全の充実を図るべきと考えられ、自然公園の過剰利用等環境保全上必要な規制は強化すべきと思われる。

自然保護行政は生物多様性確保を中心に展開されているが、自然公園や自然環境保全地域では愛知目標の達成で保全活動の充実を目指すのが当面の対策として有効と考えられる。生態系保全上重要な地域は自然公園から自然環境保全地域への指定へも検討すべきと思われる。

自然公園制度は地域制（ゾーニング）公園であることから、所有権、財産権の尊重を前提として、保全と利用の調整をとりつつ、開発行為を制限し環境保全を図るのが自然公園制度の最も重要な課題と考えられる。

土地所有と利用に対する規制措置の正当化には国立公園の社会的存在意義即ち公共性に基づく民主

的調整プロセスが必要であり、とりわけ地熱発電等では緊急の課題と思われる（大浦２０１４）。

ニセコ町の景観条例による景観維持のために所有権に制約をかけることや開発事業者の開発行為を規制することは自然公園の自然環境保全にも結び付く効果的な方法と考えられる。

注

［1］国や地方公共団体が営造物として管理する公園。「営造物」の用語は様々に用いられるが、ここでは国・地方公共団体が公園用地に権原を有し、権原に基づき設置・管理する公園をいう。わが国でも都市公園は一般に営造物公園の形態をとっている（環境法辞典、20頁、有斐閣２００２年）。

［2］国立公園の26％、国定公園の40％は私有地である（２０１２年6月現在、環境省資料）。

［3］環境法判例百選（第2版）、１８０、１８１頁。自然公園法不許可保証事件（淡路ら２０１１）。

［4］愛知目標は生物多様性条約全体の取り組みを進めるための柔軟な枠組みとして２０１０年ＣＯＰ10で合意された。締約国は各国の２０２０年の目標達成に向け生物多様性の情況やニーズ、優先度等に応じて国別目標を設定し、各国の生物多様性戦略の中に組み込んでいくことが求められている。２０１４年10月韓国ピョンチャンでのＣＯＰ10で各国の進捗状況が報告されたが、中間評価として２０２０年に向けての達成状況は「不十分」とし、緊急対策がまとめられた。

［5］人間と環境のあり方に関しては、生命中心主義、生態系中心主義、地球中心主義等の考え方がある。しかし法学として議論する以上、それらの考え方を参照しつつも人間を中心に考えざるを得ない。もちろん「人間が環境を支配する」という不遜な姿勢であってはならない（北村２０１３：10）。

[6] 生物多様性条約は(ⅰ)遺伝資源の多様性(ⅱ)生物種・群の多様性(ⅲ)生態系の多様性の３つの保護が含まれるとし、(ⅰ)については、生物種内の多様性は遺伝子の多様性を意味するとしている(大塚２０１３：３０５)。さらに景観(ランドスケープ)の多様性を含める定義もある(畠山２００４：51)。

[7] 生物多様性条約2条によれば、持続可能な利用とは、生物多様性の長期的減少をもたらさない方法及び速度で生物多様性の構成要素を利用し(後略)と定義し、速度という時間的概念が入っている。

[8] 第4講3・(2)参照のこと。

[9] 環境影響評価の実施時期は２０１１年改正前も後も事業実施段階であることは変わりがないが、計画段階配慮書を作成することを義務化することにより、改正前より早い段階から環境配慮の生まれる可能性が生まれた。

[10] 例えば、本法20条では「環境大臣は、国立公園について都道府県知事は国定公園について……」のようになっている。一方、廃棄物処理法の場合、2章で一般廃棄物、3章で産業廃棄物が規定されており、同じ条の中で環境大臣と都道府県知事の権限が規定されることはない(北村２０１３：５５４)。

[11] 「自然公園選定要領」の国立公園選定の要件として「自然公園候補地への到達の利便又はその収容力、利用の多様性もしくは特殊性によりみて多人数の利用に適していること」(第4要件)(大塚２０１３：３１２)。

[12] http://www.env.go.jp/hourei/syousai.php?id=18000141

[13] 現在の森林法では10条の2の開発行為の許可に該当すると解せられる。

[14] http://www1.g-reiki.net/niseko/reiki_honbun/a070RG00000579.html

[15] ニセコ町では景観条例の他にまちづくり基本条例(２００１年)、環境基本条例(２００４年)、地下水保全条例、水道水源保護条例(２０１１年)を制定している。

［16］創発的地域・連携推進シンポジウム（2014・10・29、（独）科学技術振興機構・社会技術研究開発センター主催）でのニセコ町長の講演による。

［17］憲法94条は地方公共団体の条例制定権を認めている。

［18］http://www.env.go.jp/press/file_view.php?serial=1956&hou_id=1509

文　献

大塚　直（2010）『環境法（3版）』、有斐閣。

大塚　直（2013）『BASIC環境法』、有斐閣。

北村喜宣（2011）『プレップ環境法（第2版）』、弘文堂。

畠山武道（2004）『自然保護法講義（第2版）』、北海道大学図書刊行会。

淡路ら（2011）『環境法判例百選（第2版）』、自然公園法不許可保証事件。

環境省（2014）『環境白書平成26年版』。

北村喜宣（2013）『環境法（第2版）』、弘文堂。

生物多様性政策研究会（2006）『生物多様性キーワード事典』、中央法規（株）。

加藤峰夫（2012）「自然環境保全関連法の課題と展望」『環境法体系』新見育文他編、（株）商事法務。

環境省（2010）『環境白書平成22年版』。

大浦由実（2014）「国立公園と公共性」『林業経済研究』60（3）、林業経済学会。

第９講　わが国の森林管理・林業の歴史

わが国の明治以降の森林管理や林業経営は国有林、民有林ともに森林関連の法律に基づき実施されてきた。従って、その歴史的経緯を知るためには森林関連の法律の歴史を学ぶのが適切な方法と思われる。

明治政府は、法整備の近代化にあたり欧米の近代法から多くを学んだ。森林関連法も例外ではなく、当初はフランス森林法をモデルに草案が作成されたが、その後、ドイツ森林法を基にわが国の森林法は整備された。明治中期以降長くドイツ林学、森林法の影響を受けてきたのは周知のとおりである。今回は明治初期から１９７０年代半ばまでの約１００年の森林・林業の歴史的経緯を概観し、なぜわが国の林業が衰退したのかを考えたい。

1　森林関係の法律

(1) 林野小六法――119件もの法律が収録

森林・林業関係者が日々の業務の中で接する法律は数多くある。「林野小六法」(平成14年版、1941頁)は119件の法律が収録され、これらは林野行政や林業に従事する人々のために必要な法律として取り上げられている。

森林関係の重要な法律は森林・林業基本法、森林法、森林組合法の3法である。環境問題で関係の深い法律としては、自然公園法、自然環境保全法、生物多様性基本法、絶滅のおそれのある野生動植物の保存に関する法律、鳥獣の保護および捕獲の適正化に関する法律等である。環境基本法、環境影響評価法等重要な環境関連法規の基礎知識は、森林・林業に従事する専門家は知っていた方が良いと思われる。

(2) 森林・林業基本法と森林法――どちらが上位法か

今回は森林・林業基本法と森林法を主に取り上げたい。森林法と森林・林業基本法との関係について、どちらが上位法か両法並立かの両論につき諸説ある(小林2012:773)。

基本法とは「国政の重要分野について、国の政策、制度等の基本方針を明示する法律で(中略)基本法に示された方針に基づいて政策実現のための個別法が制定されることが多い点に特色がある。」(法令用語研究会2006)とされている。通常、ある行政分野の基本法はひとつで、例えば環境分野では環境基本法が上位にあり枠組み法として基本方針が明示され、それに基づき環境に関する諸法が制定されている。

森林・林業基本法は森林および林業に関する施策について基本理念およびその実現を図るための基本事項を定めることと規定されている(同法1条)。一方、森林法の目的には森林計画、保安林その他の森林に関する基本事項を定める(同法1条)となっており、両法の目的のみを見るとどちらが上位法であるか明確でないと思われる。

ちなみに歴史的には森林法の方が森林・林業基本法の前身である林業基本法より古い歴史を持っている。

2　森林法による時代

わが国の森林に関する法律の歴史的経緯を**表1**に示したが、1964年に林業基本法が制定されるまでの約70年間は森林法を中心に施策が展開されてきた。その歴史は第二次世界大戦を境に大きく変化している。

(1) 明治時代から第二次世界大戦まで

明治初期は官林の無原則的な売払いや没落士族等120万人の授産事業として森林の開墾を奨励した結果、極度の森林荒廃を引き起こしていた。明治政府が招聘したオランダ人河川技術者デレーケの進言もあって、政府は山村払下げの打切り(1873年)、濫伐の防止など森林管理策を出した。この

表１　わが国の森林関連法の歴史

年	森林関連法の制定・改正、政策
1882（明 15）	森林法草案帝国議会で廃案
1895（明 28）	狩猟法制定
1896（明 29）	河川法制定
1897（明 30）	第一次森林法、治山法制定
1907（明 40）	森林法改正（第二次森林法）
1919（大　8）	史蹟名勝天然記念物保存法制定
1931（昭　6）	国立公園法制定
1939（昭 14）	森林法改正（戦時体制に備えて改正）
1951（昭 26）	森林法改正（第三次森林法）
1957（昭 32）	国立公園法が自然公園法に改められる
1964（昭 39）	林業基本法制定（木材生産重視）、 丸太輸入完全自由化
1968（昭 43）	森林法改正（森林施業計画制度導入等）
1971（昭 46）	環境庁設置（総理府外局として）
1972（昭 47）	自然環境保全法制定
1974（昭 49）	森林法改正（森林の多面的機能の認識）
1998（平 10）	国有林野事業改革のための特別措置法制定
2000（平 12）	林政改革大綱策定
2001（平 13）	森林・林業基本法制定
2009（平 21）	「森林・林業再生プラン」策定
2011（平 23）	森林法改正

注：明は明治、大は大正、昭は昭和、平は平成を表す

ような時代的背景の中で、明治政府は森林法草案作成を、旧藩時代の法令・旧慣の蒐集、各府県の現行法の調査および西欧諸国、とくにフランスの森林法の調査の面から進めていた（遠藤２００８：48、49）。

　１８８２年フランス森林法をモデルとして森林法草案が帝国議会に提出されたが、廃案となった。成立に至らなかった理由としては、フランスをモデルとするよりドイツ林学がわが国の森林管理に適しているのではないか等の意見があったためと言われている。

　その後、近代化による木材需要増による盗伐、乱伐、森林の荒廃が一層進んだこと、さらに１８９６年の大水害により治山、治水の気運が高まり、治山治水三法として１８９７年に、河川法

（1896年）、治山法（1897年）と共に森林法が制定され、後世第一次森林法と称されている。このような時代背景で生まれたことから、第一次森林法は森林の保安機能の保持を目的として監督取締法規としての森林法であった。営林の監督、保安林、森林警察、罰則の条項からなり、特に第2章「営林、監督」と第3章「保安林」は重要で、これらの条項にもとづく制度により林地の生産力を維持することが林業の経済的発展の基礎となり、また国土保全の基礎になると考えられていた（遠藤2008：49）。

第一次森林法は保安林を森林法制の中心においているが、今日の保安林制度の基礎となっている。同法の12種の保安林には土砂崩壊流出の防備など危険を直接防止するためのもののほか、水源かん養林、魚つき林など森林の公益的機能の保護を目的とする保安林が多数含まれている。第三次森林法（1951年）でも基本的に変更されることなく今日に引き継がれている（畠山2004：64）。

日清、日露戦争後の経済発展による大量の木材需要に応えるため第一次森林法は全面改正され、1907年に第二次森林法が産業助長法規（遠藤 2008：49）として制定された。木材の増産と林業育成を図るために、「土地、使用及収用」、「森林組合」の関係法規追加、「営林、監督」規定の拡充などが主な改正点である。「土地、使用及収用」は林道設置などのための土地使用収用を簡易化するものであった。森林組合制度は強制加入が前提で、後の統制的組合制度への下敷きを作る結果となった。

太平洋戦争突入前の1939年、戦時体制に備えて、第二次森林法は改正され、森林組合は組合員の施業を管理し、施業統制を担う機関と位置づけられ統制的性格の組合となった。「営林、監督」は民有林の経営を合理化し、木材生産性をあげる施業を目ざす改正がなされた（小林2012：753）。

(2) 森林政策としての保続林業の未達成

第一次森林法（1897年）、第二次森林法（1907年）を経て、1939年の戦時体制に備えての改正に至る、約40年の森林法の変遷の歴史を概観した。第一次森林法は荒廃した森林を災害から守るための保安林機能を目的として監督取締法規としての森林法であった。第二次森林法は、木材増産と林業育成を図るための産業助長法規として全面的に改正された。1939年の改正は戦時下の統制的性格を強く出し、木材生産性を上げる施業を目指すものであった。

第一次森林法で森林の保全を目指したが10年も経たずして第二次森林法で木材生産重視に転換され、昭和の戦時体制下でさらに木材生産は強化され森林の荒廃をもたらしたと言っても過言でない。この森林法の歴史から理解できる通り、明治、大正から第二次世界大戦に至るわが国の森林政策は森林法1条に示されている森林の保続培養と森林生産力の増進（第3講参照）を基に掲げているにもかかわらずその時々の政権に翻弄され、森林政策としての保続林業の理念は充分に達成できなかったと考えられる。

戦前における森林に関する森林法以外の主な法整備に次のものがあげられる。第一次森林法に先立つ1895年には狩猟法が制定され、1901年、1918年に大幅改正され、狩猟から保護を図る流れとなっていった。

自然景観の保護を目的とした法律としては、1919年に史蹟名勝天然記念物保存法が、1931

年には国立公園法が制定された。いずれも、自然景観の保護とレクリエーション、観光への活用を主眼としており、今日の生態系保全の視点には欠けるものであった。

(3) 第二次世界大戦後の戦後復興期

森林法（昭和26年6月26日法律第２４９号）は民主化政策の背景の中であったが全く新しい法律ではなく、戦前の森林法を改正して制定された。現在の森林法の原型をなすものと位置づけられ、第三次森林法と称されている。

この改正の主要点は政策の柱である森林計画制度（第2章）、保安林制度（第3章）、森林組合制度（第6章）であり、森林資源造成を基調とする政策を反映したものと見られている。森林計画制度は「森林基本計画」（農林大臣）、「森林区施業計画」（都道府県知事）、「森林区実施計画」の3計画からなっている。

森林組合は強制加入でなく、戦時中の統制的組合から自由・平等な協同組合へと改められた。

戦後の森林政策の重要な点は植林政策の推進である。当初は戦中の大規模伐採で荒廃した国土の再生目的で伐採跡地の植林が進められ、１９５０年（昭和25年）の「造林臨時措置法」や１９５８年（昭和33年）の「分収林特別措置法」の制定により１９５０年から１９７０年代半ばにかけての約20年間毎年30万ヘクタール以上の植林が実施された。１９５３年と１９６２年には年間、40万ヘクタール以上植林されている。当初の植林目的は国土の再生であったが、昭和30年代（１９５０年代半ば）以降は高度成長の下での建築用材の需要増大を反映して、薪炭林等の天然生林を人工林に転換する拡大造林が推進された。建

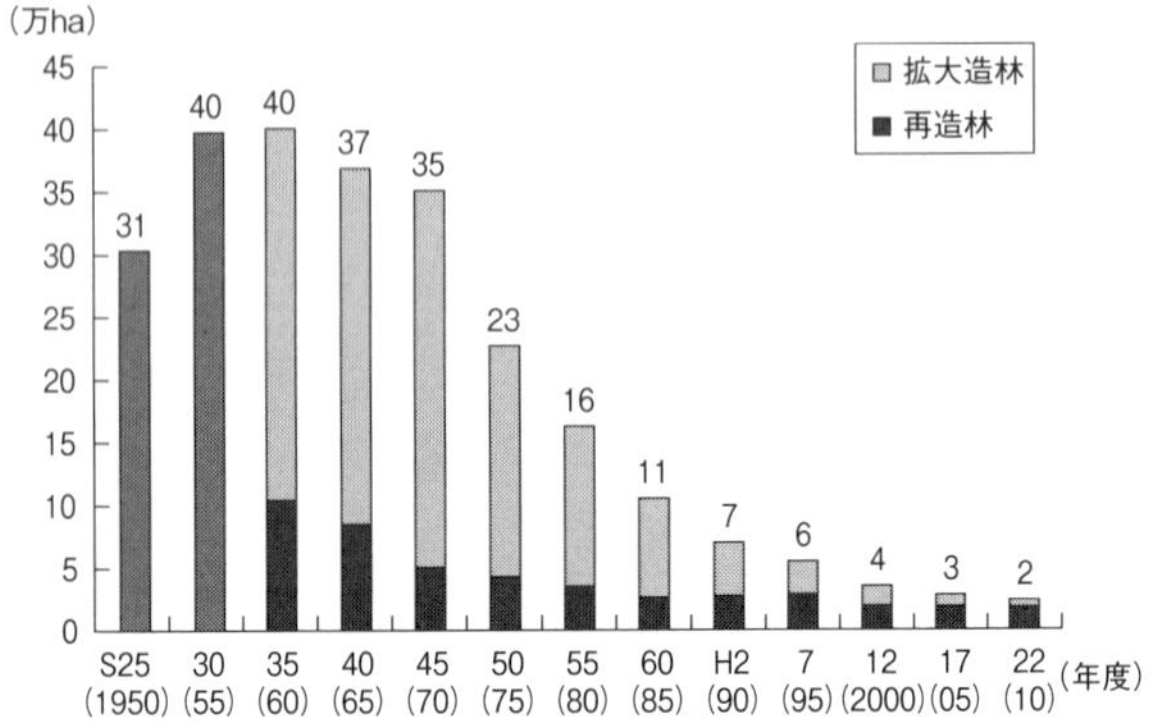

図１　人工造林面積の推移　森林・林業白書（平成26年版）
注：S25、S30は拡大造林、再造林の区分はない。
資料：林野庁「林業統計要覧」

築用材として経済的価値があり、成長の早いスギ、ヒノキ、カラマツ等が主な植林対象樹種であった（林野庁２０１３：85、86）。

植林面積は１９７０年に年間35万㌶あったが、その後減少の一途をたどり、２０００年代以降は２～３万㌶台で推移している（**図１**）。人工林での高齢級（50年生以上）の割合は２００７年度で35％であるが２０１７年には６割に増えると見込まれている。この人工林資源の活用と持続可能な人工林経営がわが国森林・林業の課題であることは言うまでもない。

3　「デンマルク国の話」――内村鑑三著（内村１９１１）

１９１１年（明治44年）の講演をもとに出版されたこの書を読まれた方は多いと思うが、これまで述べたわが国の森林・林業の歴史と将来を考えるのに多くの教訓を含んでいると思われるので、その一部をここに紹介した

い。――閑話休題

デンマークは１８６４年、ドイツ（当時プロシア）とオーストリアに敗戦し、南部の最良の２州を両国に賠償として割譲した。残った国土は荒漠の地が多く、デンマークは困窮の極みに達した。ダルガスという名の工兵士官が国土の半分以上を占め、その3分の1が不毛の地であったユトランドに樹を

写真１　下川町の森林（提供：下川町）

植え、荒漠の地を沃饒の地になさんと大計画をたてた。試行錯誤の末ノルウェー産の樅の間にアルプス産の小樅[1]の植栽をすることにより荒地回復の植林に成功し、さらに小樅を伐採し残ったノルウェー産樅の成長を促し用材育成の造林にも成功した。この成功によりユトランドの森林面積は約16万エーカーであったのが１９０７年に約48万エーカーと3倍に増えている。「ユトランドは大樅の林の繁茂のゆえをもって良き田園と化しました。木材を与えられた上に善き気候を与えられました。植ゆべきことはまことに樹であります。」と内村鑑三は述べ、ダルガスは成功により敗戦による失望に国民の希望を恢復し、植林の鋤と樅樹をもってデンマーク国を救ったと評している。

このデンマークの話から私どもが教えられることの一つとして内村鑑三は次のことを述べている。「天然の無限的生産力を

示します富は大陸にもあります。島嶼にもあります。（中略）富は有利化されたるエネルギー（力）であります。しかして、エネルギーは太陽の光線にもあります。海の波濤にもあります。吹く風にもあります。噴火する火山にもあります。もしこれを利用するを得ますればこれらはみなことごとく富源であります。（後略）」（内村１９１１：98、99）。

内村鑑三はこのデンマークの例から植林の重要性を広くアピールしていたようで、１９２４年（大正13年）には「樹を植えよ」という短文を「国民新聞」に発表している。その中で彼は「（前略）製造業商業励むべしといえども忘るべかざるは農の国本たることである。そして農の本元は森林である。山に樹が茂いて国は栄ゆるのである」[2]。

このデンマークの話から、国内では下川町の事例が想起される。昭和20年代から愚直なまでに町有林に植林し、育て、伐採し、森林を町の富の源として活用し、今日では木材資源としてのみならずバイオマスエネルギー源としても新たな富を生もうとしている。

4　森林法と林業基本法の併立の時代へ

話をわが国の第二次大戦後の復興期、成長期の森林・林業に戻そう。

(1) 丸太輸入の完全自由化――自給率低下への引き金と海からくる木材

戦災で焼失した家屋の復興のために大量の木材を必要とし、天然林の伐採は増え、戦中の乱伐による森林の荒廃はさらに進んだ。

1950年代後半には戦後の復興期から経済成長期に向かい、木材需要も急速に増えた。1964年には東京オリンピックが開催され、経済成長ブームは頂点に達した。当時の供給の主力は国産材であったが、供給は旺盛な需要に追いつかず、木材価格は高騰し社会的問題ともなった。1964年に国有林が木材増産計画を策定し、さらに木材価格の鎮静化を図るため同じ年に丸太輸入は完全に自由化された。

丸太輸入の完全自由化は急激な外材輸入をまねき国内林業、木材産業にとっては裏目に出てしまい、国産材は外材に市場を侵食され、やがてわが国林業の衰退をまねく結果となった。1965年から5年間で木材需要は3000万㎥増え1億㎥を超えた。この間輸入材は2000万㎥から5600万㎥と3倍近く増え、旺盛な木材需要を輸入材で補った形となり、自給率は1969年に5割を切り、その後低下の一途をたどった。

外材輸入が急速に膨大な量に達した理由として総合商社の役割が大きい。1960年代後半から1970年代にかけて多くの商社は海外の森林資源獲得と外材輸入を一大商機ととらえ、木材部門を戦略分野に位置づけ、その豊富な資金力と有能な人材を集中的に投入し大規模な事業を北米、東南アジア等で展開した(小林2000)。

丸太の輸入自由化と外材の市場優占化により木材は海から来るものとなり、国内の森林と木材が切り離された。商社が海外の森林に投じた巨額の投資が国内で使われていたら今のわが国の森林の姿は違っていたかもしれないと思われる(須藤2011)。これ等に関しては第12講で詳しく述べたい。

(2) 林業基本法制定(1964年)

森林・林業をとりまく背景の中で「産業としての林業の発展」を旗印に、1964年に林業基本法が制定された。同法は林業の産業としての発展と林業従事者の社会的経済的地位の向上を目的とし(同法1条)、あわせて森林資源の確保および国土の保全を図るとしている。森林法の下での明治以来の資源政策から脱却し、経済政策へと林政は大きく転換したと理解されている(遠藤2008:51、52)。

畠山武道教授は「同法のねらいは、産業としての林業を発展させ、高度成長期に必要な木材を確保することにあり、公益機能の確保は、その目的を達成する過程で副次的に考慮されたにすぎない。」と同法の森林保全の視点からの問題点を看破している(畠山2004:68)。

わが国の森林政策は1897年第一次森林法以来まがりなりにも、約70年続いた資源育成から産業としての木材生産重視へと大きく政策の舵を切ったと言える。

このように、高度成長期の木材確保の為に産業としての林業発展を目指し林業基本法を制定したにもかかわらず、前述のように外材に圧迫された林業の振興を図ることはできなかった。

(3) 森林法改正(1968年、1974年)

林業基本法を受けての森林法の大きな改正は無かったが、1968年に森林施業計画制度導入にともなう改正が行われ森林計画制度が確立された。森林施業計画制度は個々の森林所有者が任意に森林施業計画を作成し、農林大臣あるいは都道府県知事の認定を受けることが出来る制度である[3]。

森林法の重要な改正は1974年の改正である。1971年の環境庁設置、1972年の自然環境保全法の制定等環境保全に対する社会の関心の高まりから、１９６４年林業基本法制定以来の産業としての林業の発展と合わせて森林のもつ、多面的機能が認識されるようになった。改正の第１は森林の機能評価を活かした森林計画を策定すること、第２にその森林整備を効率的に推進するための30㌶を単位とする団地協同森林施業計画制度の導入、第３に林地開発許可制度の創設などである。これ等の制度の新設により森林の多面的機能が発揮される森林経営がなされたかは、その後の林業経営の停滞を見ると疑問の残るところで、次講に述べる25年後の２００１年の森林・林業基本法による大きな転換が必要であった。

5　まとめ

今回は明治から昭和にかけて約１００年の森林・林業の歴史を法政策の側面から概観した。わが国の森林政策は保続林業を掲げてきたが時代の流れに翻弄され、森林資源は育成されたが、林業経営は経済的に成立し難い状況になってしまった。昭和に入っての大きな転機は１９６４年の丸太輸入の完全自由化が引き金となり、経済重視、市場原理の下で国内林業は弱体化した。

丸太輸入完全自由化と同時期に林業基本法を制定し、林業発展を政策の前面に出したにもかかわらず、輸入完全自由化は国内林業にとって裏目に出る結果となった。しかしながら外材輸入に対抗するための国内林業強化の有効な施策は打ち出されないまま国内林業の衰退へ向け時が経ってしまったと思われる。政府、業界は外材と国産材を二極対立の構図の中でとらえ、その被害者として国内林業を位置づけて論議し、対策を検討していたと思われる。この潜在的な被害者意識が政府、業界にも甘えの構造を生み、困難な問題に正面から向き合う積極的な施策を取らなかった要因と考えられる。本格的な論議となったのはやっと２００９年の「森林・林業再生プラン」の検討からである。

「デンマルクの話」は、わが国の明治期に当たるデンマークの話であるが、国の在り方の中での長期的視野による森林・林業の位置づけ、樹を植え、育て、利用することの社会的、環境的意義を考えさせる多くの教訓を含んでいる。是非、一読をお薦めしたい。

次講は、森林・林業基本法の制定から「森林・林業再生プラン」森林法改正への取り組みを概観し、森林・林業再生への課題を考えたい。

注

［1］『デンマルク国の話』（内村１９１１）１１６、１１７頁の注によればノルウェー産樅はドイツトウヒ、アルプス産小樅はヤママツと推定されている。
［2］注［1］１２５頁、鈴木俊郎の解説。
［3］森林法の当時の条文では11条。後に森林施業計画の提出先は市町村長に変わった。

文献

内村鑑三（１９１１）『デンマルク国の話』（岩波文庫33-１１９-４（２００９・５・７、第85刷））。

遠藤日雄（2008）「日本の森林政策」、遠藤日雄（編）『現代森林政策学』所収、日本林業調査会。

小林紀之（2000）「地球環境と日本の林業・木材輸入」、㈶地球環境戦略環境期間（編）『民間企業と環境ガバナンス』、中央法規。

小林紀之（2012）「森林保全関連法の課題と展望」、新見育文ら（編）『環境法体系』所収、商事法務。

須藤大輔（2011）「第8章　森林」、朝日新聞科学医療グループ（編）『やさしい環境教室』所収、185頁（小林紀之の発言）、勁草書房。

畠山武道（2004）『自然保護法講義（第2版）』、北海道大学図書刊行会。

法令用語研究会（編）（2006）『有斐閣 法律用語辞典（第3版）』、有斐閣。

林野庁（2013）「森林・林業白書 平成25年版」。

第10講　森林関連法と森林政策の新しい取り組み

前講（第9講）は明治初期から1970年半ばまでの歴史的経緯を概観し、わが国林業衰退の要因の分析を試みた。今回はそれ以降、現在に至る歴史を森林・林業基本法、森林・林業再生プラン、森林法改正、森林・林業基本計画に焦点をあて要点を述べたい。さらに、森林・林業再生プラン、改正森林法の対応について森林行政、林業が直面している課題につき考えてみたい。

1　森林・林業基本法の概要

(1) 制定の背景

1980年代半ばから世界の森林で林業活動と環境保全をめぐる様々な動きがあった。熱帯林伐採反対運動や米国西海岸でのマダラフクロウ保護のための原生林伐採反対運動はその代表的なもので、環境保全と森林伐採のあり方を世界的に見直すきっかけとなった。1992年、国連環境開発会議(地球サミット)で森林原則声明が採択され、持続可能な森林経営が世界の森林マネジメント(経営・管理)の基本原則として合意された(第2講3節参照)。

わが国の森林原則声明の持続可能な森林経営に関する森林政策面での具体的な取り組みは2000年代に入ってからと考えられる。1990年代は国有林の多額な累積赤字、民有林の採算悪化、木材自給率の低下等の対応に追われていたのが林政の実状だったと思われる(第3講2節参照)。

わが国の森林政策での1990年以降で最初に森林の環境重視の提言がなされたのは1999年7月の森林・林業政策検討会の報告書と思われる。[1] 同報告書では森林政策の方向を木材生産主体から森林の多様な機能を持続的に発揮させるための森林管理・経営を重視するものに転換するとしている。

さらに一歩踏み込んだのが2000年12月に発表された「林政改革大綱」で、基本理念を「これまでの木材生産を主体とした政策を抜本的に見直し、森林の多様な機能の持続的利用を推進する」としている。

森林・林業政策の転換が必要となったのは、環境重視の国内外の潮流もさることながら国有林の経営破綻や民有林の多くで経営が行き詰まり、「経済性と公共性の予定調和」[2]の考え方が成り立たなくなったことが根底にあると考えられる（小林2012：756）。

このような背景の中で2001年に林業基本法は改正され、森林・林業基本法として制定された。同法の名称に「森林」が加えられたことに大きな意味があり、林業生産中心から森林の多面的な持続的発展を図る政策へと転換された。

(2) 森林・林業基本法の概要

同法は「基本法」という性格上、森林関連の法律の中で最も重要なもので林政の枠組を定める枠組法と位置づけられている。[3]

同法の重要な条文は次のとおりである。

①第1条（目的）　「森林および林業、施策について基本理念およびその実現を図るのに基本事項を定め、並びに国および地方公共団体等の責務を明らかにすることにより森林および林業に関する施策を総合的かつ計画的に推進する（後略）」

②第2条、第3条（施策についての基本理念）　第2条では森林の有する多面的機能の発揮についての基本理念を示している。2条1項で森林については、その有する多面的機能の持続的な発揮が国民生活および国民経済の安定に欠くことが出来ないものであることをまず示し、この実現のために「将来にわたって、森林の適正な整備および保全が図られなければならない」としている。また、第2項で

山村の振興に対する配慮の必要なことが示されている。

第3条では林業の持続的かつ健全な発展についての基本理念を示している。3条1項で「林業については、森林の有する多面的機能の発揮に重要な役割を果たしていることにかんがみ、（中略）その持続的かつ健全な発展が図らなければならない」としている。また、林産物については3条第2項で林業の発展にあたって、林産物の適切な供給利用確保の重要性を示している。

これらの基本理念からして林業基本法に示された産業としての林業発展を図る政策から森林の多面的機能の発揮重視への政策へ大きく転換されたと言える。

前出の「経済性と公共性の予定調和」の考え方でなく、森林の多面的機能の発揮の実現が上位にあり、林業や木材供給利用はその目的達成に資する位置づけにあると考えられる。

③同法の構成　参考の為に同法の構成を示しておくが、枠組法の部分と実体法的な部分から成っている。上記の目的や基本理念を示したのは第1章総則の一部で、第3、4、5章は2条、3条に示した理念に基づく施策の基本となる事項を定めており、枠組法としての重要な部分である。実体法的な部分は第2章森林・林業基本計画（11条）と第7章林政審議会（29、33条）について定めた条文である。

2　森林法の概要

(1)　目　次

森林法（昭和26年6月26日法律第２４９号）は下記の8章からなり、２１４条にわたる、森林に関する基本的な事項を定める最も重要な法律である（目次は環境六法、第一法規による）。

第一章　総則（第一条―第三条）
第二章　森林計画等（第四条―第十条の四）
第二章の二　営林の助長及び監督（第十条の五―第二十四条）
第三章　保安施設（第二十五条―第四十八条）
第四章　土地の使用（第四十九条―第六十七条）
第五章　都道府県森林審議会（第六十八条―第七十三条）
第六章　森林組合及び森林組合連合会
第七章　雑則（第百八十七条―第百九十六条の二）
第八章　罰則（第百九十七条―第二百十三条）
附則

(2) 同法の目的（1条）

同法の目的は森林計画、保安林その他の森林に関する基本的事項を定めて、森林の保続培養と森林生産力の増強を図り、もって国土の保全と国民経済の発展とに資すると規定されている。

これまで度々述べたが、「保続培養」の原則は100年以上にわたり現在でも同法目的の第一にあげられる森林管理の基本原則となっており、法制林に仕立てるのが林業経営の目的とされてきた。

「森林生産力の増強」は第三次森林法の制定当時は森林生産力とは林業としての木材はじめ林産物

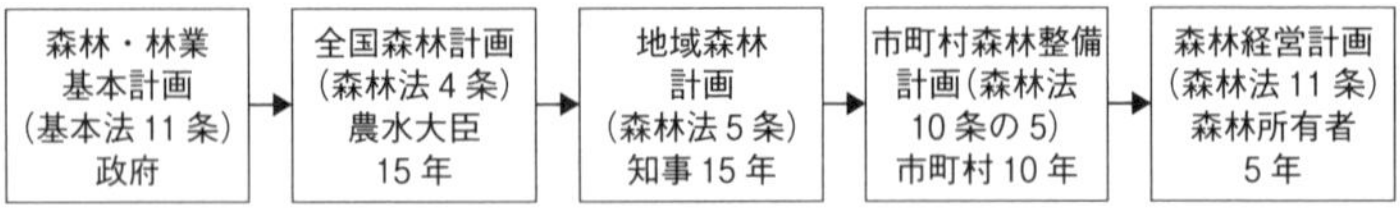

図1　森林計画、経営計画の体系

注：地域森林計画、市町村森林整備計画、森林経営計画の対象森林は民有林

の生産力であったと考えられるが、「森林原則声明」に示されている持続可能な森林経営の概念からすれば、木材のみならず、多様な森林のニーズに合う森林生産力の増強を意味することを理解すべきと考えられる。

(3) 森林計画と施業に関する条項

① 国、都道府県、市町村の森林計画制度　森林計画制度に関するフローを示したのが図1である。森林法第2章森林計画等で、全国森林計画、地域森林計画を第2章の2、営林の助長及び監督の章で市町村森林整備計画と森林経営計画について定めている。

森林・林業基本法11条の1項は森林・林業基本計画（基本計画）を定めることを規定している。これを受け、森林法4条で農林水産大臣は基本計画に基づき、全国の森林につき5年毎15年を一期とする全国森林計画をたてなければならないとしている。同法5条では、都道府県知事は民有林を対象に全国森林計画に即して、森林計画区毎に5年毎に10年を一期とする地域森林計画を立てなければならないと定めている。

第2章の2、営林の助長及び監督の10条の5で、市町村はその区域内にある地域森林計画の対象となっている民有林につき5年毎に10年を一期とする市町村森林計画を立てなければならないと定めている。

② 森林所有者等の管理責務と森林経営計画　森林・林業基本法9条に森林所有者等の責務として、森林の整備、保全に努めることが定められている。又、森林・林業基本計画のまえがきの第1の⑷には次のように述べている（資料10－1）。「森林は私有財産であっても公益的機能も併せ有する社会的資産であることを踏まえる必要がある」とし、「森林所有者等に内在する責務として、まず森林所有者等の自助努力により森林が適正に整備、保全され、森林の有する多面的機能の発揮が基本である。このため（中略）経済活動である林業の健全な発展をはかり、適切な林業生産活動が継続して行われなければならない。」さらに、公的機能発揮のため社会全体で森林整備、保全を支える必要があることも説いている。

森林所有者等が事業として森林を経営し、施業を行う場合には、森林法の森林経営計画に従って実施する必要がある。

森林法によれば森林所有者等は、市町村森林整備計画を遵守し（同法10条の7）、5年を一期とする森林経営計画（旧森林施業計画）を作成し、市町村長に提出し認定を求めることができる（同法11条）。伐採や伐採後の造林に際しては森林所有者は事前に市町村長に届出しなければならない（同法10条の8）。市町村長は届出書の計画が市町村森林整備計画不適合と認めたときは変更命令ができる（同法10条の9）。事業者が届出書の計画に従って伐採、造林していないときは市町村長は計画に従うべきことを命ずることができる（同法10条の9）。又、事業者が市町村森林整備計画を遵守せず施業した場合、市町村長は遵守を勧告できる（同法10条の10）。

森林経営計画の認定を受けると、上記の義務が生じるが、間伐や造林補助金の増額など優遇措置がある。認定を受けるのは森林所有者等の任意によるものであり、森林経営の永続性の担保の側面からも森林経営計画の認定率向上は森林・林業政策の重要な課題と考えられる（小林 2012：763～765）。

3　「森林・林業再生プラン」と「改革の姿」

(1) 民主党政権の森林政策の見直し――菅元首相と梶山恵司氏

民主党政権時代に森林政策が急速に見直され、改革が実現したのは菅直人元首相と梶山恵司氏の関係を抜きにして語れない。菅元首相は野党時代の2007年5月に梶山氏（当時富士通総研）の案内でドイツ林業を視察し、わが国林業再生に向けての取り組みに強い関心を持ったとみられている。同氏は「その後何回か菅元首相にお会いする機会があった。政権交代を契機に菅元首相からの誘いで内閣官房国家戦略室内閣審議官に就任し（2009年11月。筆者注）国家戦略室に入り直接この問題（わが国の林業再生、筆者注）を担当することになった」とその著書で述べている。[4] 同氏は当初菅元首相の個人的ブレーンであったが、政権交替で内閣審議官に就任し政策立案の中心的役割を担っている。同氏が2009年5月に発表した論文「森林・林業再生のビジネスチャンス実現に向けて」（梶山 2011b）に述べている森林所有者の集約化、路網整備、木材生産の安定化等の考え方はその後の政権での政策検討の根底に流れていると考えられる。

(2) 「森林・林業再生プラン」の目指すもの

２００９年から２０１１年にかけての民主党政権下での森林政策改革の動きは梶山氏をブレーンとして政治主導型で始まったといっても過言ではない。

農林水産省は２００９年12月にわが国の森林・林業を再生する指針となる「森林・林業再生プラン」（「再生プラン」）を策定し、10年後の木材自給率50％以上を目指し、効率的かつ安定的な林業経営の基礎づくりを進めるとともに、木材の安定供給と利用に必要な体制を構築することとしている。

「森林・林業再生プラン」は２０１０年６月に閣議決定された「新成長戦略」で、「21世紀の国家戦略プロジェクト」の一つに位置づけられている

「森林・林業再生プラン」の概略を図２に示したが、10年後の木材自給率50％以上を森林・林業再生の目指すべき姿として、３つの理念のもとに木材の安定供給体制を構築し、儲かる林業を実現しようとするものである。この目標達成の為に路網整備の徹底、森林施業集約化による低コスト化と人材育成を図り、林業経営の基盤づくりを進めるとともに、木材供給と利用体制を構築し自給率50％以上を目指すものとしている（林野庁２０１０：２）。路網整備、森林施業集約化、木材安定供給・利用の体制構築を実現することが「再生プラン」の鍵と言える。

「再生プラン」の基本理念のひとつに森林の有する多面的機能の持続的発揮をあげているが、「再生プラン」は２００１年の前出の森林・林業基本法の考え方よりも１９６４年の林業基本法に示された産業として林業発展を図る考え方に戻ったと思われる。

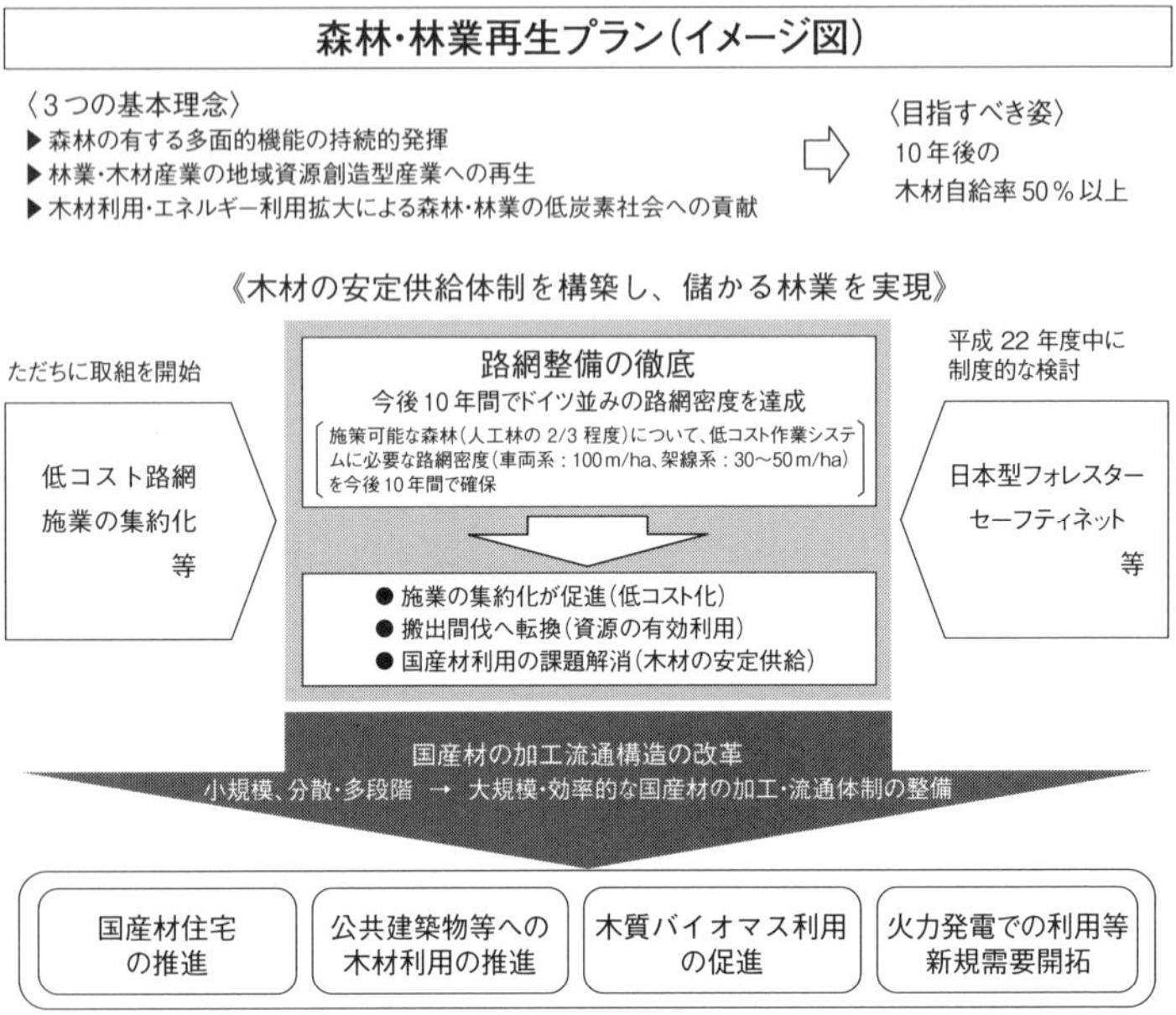

図２　森林・林業再生プラン　出典：森林・林業白書（平成22年版）

（3）「森林・林業の再生に向けた改革の姿」の概要

「再生プラン」の具体的改革内容を検討するため、農林水産省は２０１０年１月に「森林・林業再生推進プラン推進本部」を設置した。その下に「森林・林業基本政策検討委員会」（座長岡田秀二岩手大学教授、外部委員14名）はじめ５つの委員会（外部委員合計50名）が設置され、再生プランの課題を検討し、２０１０年11月に「森林・林業の再生に向けた改革の姿」（「改革の姿」）として具体的な対策がまとめられた。

この検討過程で特徴的なことは、わが国第一線の研究者、林業・木材業界人、市民団体50名が委員会に参加したこともさることながら、全ての委員会に前記の梶山恵司氏が内閣審議官としてオブザーバーで参加していることである。検討は民意を反映しているとはいえ、政治主導の影はぬぐえないと思われる(小林２０１２：７６０)。

「改革の姿」は「再生プラン」の大目標である〝10年後の木材自給率50％以上〟達成の為に、現状の施策・制度・体制を抜本的に見直し、新たな政策を構築するとし6項目にわたる改革の方向を示した。

6項目の中で重要なのは森林施業計画制度の見直し、「森林管理・環境保全直接支払制度」導入、無秩序伐採や造林未済地発生防止の仕組み導入、路網整備の為の「林業専用道」「森林作業道」の規格新設、「フォレスター」育成等の施策案である(林野庁２０１１：２、３)。

これ等の動きに並行して木材利用推進に向け、２０１０年5月に「公共建設等における木材の利用促進に関する法律」が成立している。

4　森林法改正

(1)「再生プラン」と森林法改正、森林・林業基本計画

１８９７年森林法成立から現在の森林法の原型をなす１９５１年成立の第三次森林法の成立、１９６８年、１９７４年の改正につき第9講で述べたが、２０１１年4月の改正(２０１２年4月施行)は「再生プラン」を法制面で具現化する重要な位置づけとなっている。

一方「再生プラン」を施策実施面で具現化するのが後述する２０１１年7月策定された森林・林業基本計画であり、これ等の関係を図示したのが**図3**である。

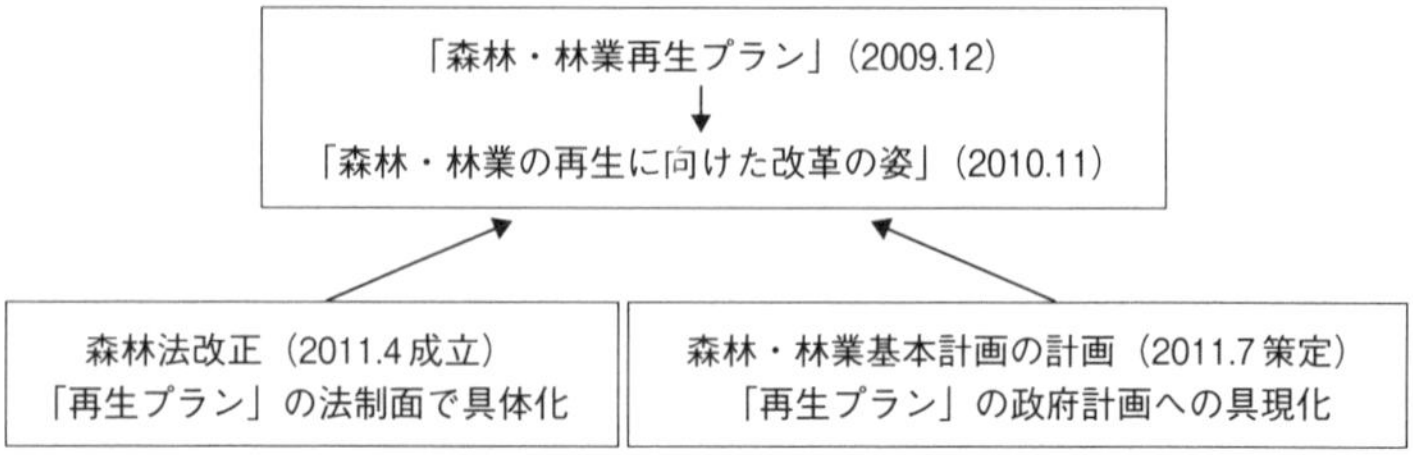

図3　「森林・林業再生プラン」と森林法改正の位置づけ

(2) ２０１１年改正の主旨と主な改正点

改正の主旨は前述の「再生プラン」の法制面での具現化で、森林所有者がその「責務」を果たし、森林の有する公益的機能が十全に発揮されるよう措置と説明されている。[5] 同法の改正では、適切な森林施業を確保する制度の導入や無届伐採がおこなわれた場合の行政命令の新設、森林計画制度の見直しが行われた。また、国会審議の結果、新たに森林所有者となった者に届出を義務付ける制度等が追加された（林野庁２０１３：10）。これ等改正点は主に森林法第二章森林計画等、第二章の二営林の助長および監督に集中している。第三章 保安施設や第六章 森林組合および森林組合連合会に関する条文は上記の改正点に関する条項の改正にとどまっている。

次に改正の主要点を上記の改正点に的を絞って述べたい。

(3) 森林計画制度の見直し

「再生プラン」実施の鍵とも言える施業集約化を法的強制力を持って実施しようとするのが森林所有者等が作成していた従来の森林施業計画を森林経営計画に改めたことである（11条）。集約化を前提に、路網の整備等を含めた実効性のある計画を認定要件にしている（11条の5の4項）。また、森林所有者のほか、その委託を受けて長期・継続的に森林・経営を行う者

（森林組合等）が計画を作成することが出来ることとなった（11条1から3）。

委託を受けての森林経営に関連して5条の2項5の2、10条の5の2項の6にも定められている。

(4) 所有者が不明の場合を含む適正な森林施業の確保

施業の集約化や路網整備の実施に際し、所有者不明の森林の存在が障害となっていたが、今回の改正で次の対応がとられることとなった。他人の土地について路網等の設置が必要な場合、土地所有者等が不明でも使用権の設定を可能にするため、意見聴取の機会を設ける旨を一週間前までに公示すること等により、手続きを進められるよう措置することになった（50条2、3）。

要間伐林の施業を森林所有者が行わない場合は、所有者が不明であっても行政の裁定により施業代行者が間伐を実施する行政裁定、施業代行制度が新設された。

(5) 無届伐採がおこなわれた場合の造林命令の新設

無届による伐採について、森林所有者のいかんを問わず、引き続き伐採し、または伐採後の造林をしない場合は、災害発生等の防止に必要な新たな伐採の中止、または伐採後の造林を行わせるための命令を新たに発出できる条文が定められた（10条の9の第4項）。

(6) 森林の土地の所有者となった旨の届出

地域森林計画の対象となっている民有林について、新たな土地の所有者となった者は市町村長に届け出なければならない（10条の7の2項）。保安林については市町村長は知事に通知しなければならない（10条の7の2の2項）ことになった。

表1　森林・林業基本計画の森林の有する多面的機能発揮に関する目標

（単位：万ha、百万m^3）

	2010年（H22年）	目　標		（参考）指向状態
		2015年（H27年）	2030年（H42年）	
育成単層林	1,030	1,030	1,000	660
育成複層林	100	120	140	680
天然生林	1,380	1,360	1,310	1,170
合　計	2,510	2,510	2,510	2,510
総蓄積	4,690	4,930	5,380	5,450

出典：森林・林業白書（平成25年版）

この措置は外国資本等による国内森林、特に水源林買収に対する対策として導入されたものである。

5　森林・林業基本計画の概要

森林・林業基本計画（基本計画）は、森林・林業基本法第11条に基づき、同法の第3、4、5章で示された3つの基本施策を総合的かつ計画的に推進するために、5年に1度を目途に策定されるが（同法11条）、最初の基本計画は2001年10月に閣議決定された。基本計画では①森林・林業施策の基本方針、②森林の多面的機能の発揮、林産物需給目標、③森林・林業に関する政府の施策等を定めることになっている。

2011年7月「再生プラン」を受けて基本計画は5年ぶりの見直しが行われた。新たな計画では森林・林業の再生に向け「再生プラン」や「改革の姿」で示された適切な森林施業の確保、施業集約化、路網整備、人材育成等が重点的に取り上げられている。施策の指針とするために「森林の有する多面的機能の発揮」と「林産物の供給および利用」の目標が設定された（林野庁2013：10、87）。

「森林の有する多面的機能の発揮」目標を表1に示したが5年前の2006年策定の計画の微調整にとどまっている。30年後の目標は育成単層林を30万㌶減らし、育成複層林を40万㌶増やす計画となっている。天然生林は70万㌶減少を見込んでいる。参考で示している指向状態は100年後の目指す状態を示しているが、人工林の単層、複層の割合は50／50を指向している。

「林産物の供給および利用」目標としては10年度の総需要量を7800万㎥と予測し、国産材の供給・利用量を3900万㎥、自給率50％とし（林野庁2013：87）、「再生プラン」の大目標に合わせる目標となっている。

次期全国森林計画（2013年10月閣議決定）によれば、平成26年4月1日から平成41年3月31日まで15年間の伐採立木材積を約8億㎥（主伐45％、間伐55％、年平均5300万㎥）と計画している。また、平成41年3月31日における森林区分別計画案を育成単層林1006万㌶、複層林を176万㌶、天然生林を1326万㌶としている（日本林業調査会2013b：5）。前出の基本計画に比べ複層林を増やす計画となっている。

6　まとめ――森林・林業改革の課題

森林・林業改革の指針としての「再生プラン」と改革の具体的方向として「改革の姿」が示された。これらを法制面で具現するものとして森林法が改正され、施策実施面で具現化するものとして森林・林業基本計画が策定された。これら一連の動きは2009年夏から2011年夏にかけての2年間でなされた。「改革の姿」のとりまとめには多くの各界有識者が参画したとは言え、当時の民主党の政治手法からすれば短期的に政治主導で進められたと言っても過言ではない。

「再生プラン」や「改革の姿」の理念、指針、方向性が森林法、基本計画に活かされて改革が進み、森林・林業再生に結びつくのか多くの課題が考えられる。「再生プラン」の評価をめぐっては研究者の間でも論議が進みつつある。例えば、「山林」（大日本山林会）2012年8月から11月号に4回連載された泉英二論文や「林業経済研究」59巻1号（2013・3）、2号（2013・9）に掲載された志賀和人、佐藤宣子、牧田邦宏論文、小島孝文報告、石崎涼子コメント等が参考となる。

まとめにかえて次の点にしぼって「再生プラン」の課題を述べたい。
①森林経営計画制度を全国の私有林で普及、定着させ、施業の集約化を推進することが「再生プラン」の目標達成の鍵となるが、現状では普及率は高くないとみられている。[6] 理由は立案、作成が困難なこと、森林所有者にとっての経済的メリットが少ないこと等が考えられる。認定要件のさらなる見直しも必要と考えられる。
自民党は2013年4月25日に「強い林業づくりビジョンと施策の構築について」と題する提言をまとめている。重点課題として森林経営計画の認定要件が厳しすぎるとし、見直しを強く求めている（日本林業調査会 2013a：6、7）。大きく見直すことになれば、「再生プラン」は骨抜きとなるし、導入したばかりなのに現場に混乱を引き起こす可能性が高いと思われる。大幅な見直しとなれば「再生プラン」は施策の実施段階で「換骨奪胎」されかねないし、[7] 改革は「大山鳴動してねずみ一匹」と

なってしまう懸念も考えられる。

②森林経営計画制度の目的は生産向上を図り、産業としての林業発展を図る政策の一環と考えられるが実はそうではなく、森林計画制度でメインに考えられたのは生態系の保全であったとの説がある（石﨑 2013）。林野庁の小島孝文氏は「森林計画制度の目的は森林生態系の維持を通して森林の有する多面的機能の持続的発揮を確保するために面的なまとまりを持って個別の森林所有者等による持続的な森林経営を透導することである。」と述べている（小島 2013）。この目的のとおり、面的なまとまりをもった施業、特に皆伐施業や林道、作業道建設等が生態系の維持を重視して実施されるであろうか疑問となるところである。現場の実態として「儲かる林業の実現」を目指し生産性効率重視の森林経営計画に傾斜すると考えられ、生態系保全は「たてまえ」の域を出なくなる可能性が高い。

③所有者が不明の場合を含む適正な森林施業の確保（森林法50条1、2項）や要間伐林の施業確保（同法10条の10の第4項等）のための土地使用権の設定や施業代行制度が実際に市町村が実施可能かも大きな課題と考えられる。

以上、「再生プラン」のいくつかの課題を述べたが、いずれも森林行政、林業事業者が現場で直面している問題と思われる。

これ等の課題は、現実を直視するとともに、長期的視野に立ち、わが国の森林・林業の将来のあるべき姿を再確認して解決すべき問題と考えられる。

本講の執筆にあたり北海道大学柿澤宏昭教授、㈱日本林業調査会 辻潔社長にご助言をいただいたことにこの場を借りて謝意を表したい。

注

［1］1998年10月施行の「国有林野事業改革のための特別措置法」でも木材生産重視から公益的機能重視への転換が改革の主な点にあげられている。

［2］「予定調和論」については遠藤日雄説も含めて第3講参照のこと。

［3］環境基本法、循環型社会推進基本法、生物多様性基本法等が枠組み法としてあげられる。

［4］梶山（2011a：278、279）を参照（引用文の一部は筆者改変）。

［5］「森林法の一部を改正する法律の概要」林野庁、2011年4月。

［6］森林経営計画を作成し、提出し市町村長の認定を得るのは義務でなく、森林所有者等の努力義務的なもので、森林法11条1項では「認定を求めることができる」と規定されている。

［7］泉英二先生は梶山氏の政策論が政策形成のプロセスで継承発展されたか、あるいは換骨奪胎されたかの検証を試みている（泉2012）。

文献

泉　英二（2012）「「森林・林業再生プラン」に基づく林政の再検討(1)政策形成過程の分析(1)」、山林№1539、13頁、大日本山林会。
石崎涼子（2013）「林業経済学会2013年春季大会シンポジウムへのコメント」、林業経済研究59（2）、20

頁、林業経済学会。

小林紀之（2012）「森林保全関連法の課題と展望」、新美育文ら（編）『環境法体系』、756頁、763〜765頁、商事法務。

小島孝文（2013）「森林・林業再生プランの目指すもの」、林業経済研究59（1）、43頁、林業経済学会。

梶山恵司（2011a）『日本林業はよみがえる』、日本経済新聞出版社。

梶山恵司（2011b）「日本林業再生のビジネスチャンス実現に向けて」、研究レポートNo.343、1、8頁、富士通総研経済研究所。

林野庁（2010）「森林・林業白書平成22年版」。

林野庁（2011）「森林・林業白書平成23年版」。

林野庁（2013）「森林・林業白書平成25年版」。

日本林業調査会（2013b）「林政ニュース」（第460号、平成25年5月15日）、日本林業調査会。

日本林業調査会（2013a）「林政ニュース」（第465号、平成25年7月24日）、日本林業調査会。

第11講　わが国林産業の現状と課題

第9講、第10講でわが国の森林経営や林業の歴史的経緯、現状について論じ、今回はわが国の木材産業の最近の動きについて述べると共に、第10講で述べた森林経営計画のその後の見直しについてもふれておきたい。

わが国の製材・合板工場等木材産業は輸入材の増加と共に、木材は海から来るものと称され、昭和40年代から大規模な工場は港湾部に立地することが多かった。最近では国産材の利用拡大から内陸部に大規模工場が建設されるようになったのでこれ等の事例を紹介したい。また、林業と木材産業の大規模化の取り組みや提言もいくつか動きが見られる。一方では自伐林業と地域での小規模な木材産業を目指す動きもある。

1　最近の大規模国産材木材工業の事例

(1)　高知おおとよ製材㈱

同社は、岡山県真庭市の大手集成材メーカー銘建工業㈱（中島浩一郎社長）の高知県進出で注目されてきた大豊町に立地する大規模製材工場で、２０１３年8月に工場を開設している。

株主構成は銘建工業㈱、高知県森林組合連合会、大豊町、高知県素材生産産業協同組合連合会で、地元自治体、林業団体が参加した案件であることが分かる。社長は上記の中島浩一郎氏である。工場敷地約4万㎡、工場規模約1万㎡で製材工場棟、加工棟、ボイラー棟が配置されている。原木消費量は平成25～26年が5万㎥、平成27年以降は10万㎥を計画している。製材品目はスギ、ヒノキの柱・土台・平角・間柱、ラミナー等でラミナーは当面真庭工場で集成材に加工すると見られている。

本事業の主旨として生産性向上によるコスト削減、バイオマス利活用、素材の供給協定等による安定供給等をあげているが、副次的に注目されているのがＣＬＴ（クロスラミネーテッド・ティンバー）を採用した社員寮建設である。３階建て、延べ面積約２６７㎡の建物で２０１４年2月竣工した。[1] 中島社長は日本ＣＬＴ協会会長、ＣＬＴ建築推進協議会副会長としてＣＬＴ普及の中心的存在として知られている。

(2)　信州Ｆ・ＰＯＷＥＲプロジェクト

本プロジェクトは長野県林務部、環境部がプロジェクト総括、コーディネート役等となり、塩尻市と共に産・学・官で推進している大型案件である。事業主体は塩尻市の征矢野建材㈱、事業連携として大手建材メーカーの大建工業㈱が製品開発、販路開拓で参加している。原木の安定供給は県のバックアップのもとで県森連、県木連および中部森林管理局が担っている。工場用地の提供は工場が立地する塩尻市である。[2]

事業計画書は２０１３年6月18日長野県、塩尻市、征矢野建材㈱、３者名で公表している。それによると本プロジェクトの目的は、「県の豊かな森林資源を活用し「木を活かした強い産業づくり」の実現に向け産官学連携により、「集中型木材加工施設」「木質バイオマス発電施設」併設で発電施設から供給される熱を活かした地域づくりを推進する」としている。事業は木材加工と発電の２本柱からなっており、「長野県の森林資源を、製材・加工・利用・燃焼の「多段階」で利活用する仕組みづくり」を事業のキャッチフレーズとしている。

原木年間消費計画量は製材工場で間伐材等（アカマツ、ナラ等広葉樹）10万㎥、木質バイオマス発電施設で間伐材等（カラマツ等の低質材）10・5万㎥、製材端材等7・5万㎥と長野県の従来の原木需給構造に大きな影響を与える量である。現在、県の林務部を中心に供給体制構築を進めている。[3]

製材工場の事業費は36億円（用地造成費を含む）、主要製品は無垢フロアーで梁材、桁材等生産も計画されている。年間製品出荷量は2～3万㎥（製品歩留25％）でアカマツと広葉樹の無垢フロアーが特徴であるが、大建工業㈱が商品開発と販売を担うと見られている。

木質バイオマス発電施設の事業費（計画時の見通し）は34億円、発電規模は約10ＭＷ（1万ＫＷ）／h、熱供給量は36ＧＪ／ｈを計画している。熱供給は半径2キロの農業用ハウス等塩尻市振興公社が計画している。

長野県は林業県と言われながら素材移出県で、木材製品の生産量が少ないことが課題であったが、県、地元、林業界の本プロジェクトによせる期待は大きい。

(3) 中国木材㈱　宮崎・日向新工場

中国木材㈱（本社、広島県呉市、堀川保幸社長）は米材（主としてベイマツ）の大型製材工場を呉、鹿島等で操業し、大型専用船6隻で原木を北米から供給し、大量仕入れ・大量生産のメーカーとして知られている。[4]

近年は国産材の活用にも積極的で同社伊万里工場で国産のスギとベイマツを組み合わせた「ハイブリッド・ビーム」（構造用異樹種集成材）を生産している。

宮崎県日向市細島港工業団地で建設中の大型工場は国産材専用工場で、２０１３年10月に着工し、２０１４年10月、製材工場が稼動している。前記のおおとよ製材㈱と信州Ｆ・ＰＯＷＥＲの立地が内陸型に対し、本事業は港湾立地型である。

日向新工場は30㌶の敷地に製材・集成工場とバイオマス発電所を建設中で投資額は１００億円、製材ラインは小・中・大径木用の3ラインを設置し、小幅板、ラミナー等幅広く製材できるラインとなっている。発電所は２０１５年3月稼動予定で、1万８０００ＫＷ発電出力で集成材工場の端材、製材端材、樹皮、おが粉等を燃料に予定している。

原木消費量はスギ丸太30万㎥の予定でその内13万5000㎥を地元宮崎県森林組合連合会から調達、16万5000㎥は県外木材市場、素材生産業者、自社山林から集荷を計画している。

中国木材の社有林購入の動きも注目されている。すでに熊本県を中心に2500㌶の森林を購入済みで、1万㌶の社有林購入を目指して山林部も創設している。[5] 鹿児島大学の遠藤日雄教授は、中国木材の社有林購入の動きに関連して「大手国産材製材企業や合板メーカーも、社有林経営に着手したり、社有林取得構想を打ち出している。数年後には、日本の森林所有構造は大きく塗り替えられることになるだろう。」と予想している（日本林業調査会 2013：13）。

(4) 大規模国産材木材工場への国産材供給の課題

前出の3件の代表的事例は全国に似たような事例は他にもあり、今後増えてくる可能性が大きい。2～3年後に大規模木材工場やバイオマス発電所への国産材原木供給問題が現実のものとなる可能性が大きい。

2015年の年賀状で合板業界トップメーカーのセイホク㈱井上篤博社長はバイオマス発電や原木輸出の急増のため、国産材の安定供給に不安をともなう1年になりそうなことを指摘されている。また、有力な専門紙である日刊木材新聞の岡田直次社長は新木材時代の指針の必要性を述べておられる。

高知おとよ製材の原木消費量は10万㎥／年が予定されている。一方、高知県全体の平成24年度の素材生産量は約46万㎥（スギ約27万㎥、ヒノキ約17万㎥）である。[6] 製材工場の立地する嶺北地域での過伐を避け全県ベースで、中小工場への供給を配慮した需給バランスをとることが必要になると考えられる。

信州Ｆ・ＰＯＷＥＲの原木消費量は製材工場約10万㎥、発電施設10・５万㎥（他に製材端材等７・５万㎥）が予定されている。一方、長野県全体の現在（２０１３年）の素材生産量は33万㎥でＦ・ＰＯＷＥＲの消費量が現在の長野県の生産量に比べて極めて大きな比重を占めていることが分かる。勿論県は操業開始に備えて対策をとり、３年後に60万㎥に増産を目指している。アカマツ、広葉樹の過伐をさけ、全県での需給バランスをとる施策が重要と考えられる。

中国木材日向新工場の原木消費量はスギ丸太30万㎥の計画で、その内13・５万㎥を県森連からの調達で予定している。宮崎県のスギ生産量は１４４万㎥（平成23年、「木材統計」）で全国一であるが、新工場はその内約２割を占めることになる。

全国で増えつつある国産材大規模製材・合板工場やバイオマス発電所は第10講で述べた「森林・林業プラン」の国産材自給率50％（供給量３９００万㎥）目標、大規模林業による原木安定供給を見越して計画されていると考えられる。従って、林業の生産力向上と木材産業の大規模化が両輪の輪となって展開しないと、林業・木材産業の健全な発展は難しいと思われる。

北海道の場合は大規模バイオマス発電所計画[7]はいくつか見られるものの新規の国産材大規模工場の具体的計画は耳にしない。カラマツ、トドマツ等原木生産は今後増えると思われるが、道内での製品化が望まれる。

2　下川町の林業システム革新等の取り組み

下川町は１９５３年（昭和28年）から60年にわたり約４２００㌶の町有林で循環型森林経営に取り組んでいる。人工林率約60％で主要樹種はトドマツ、カラマツ、アカマツで60年伐期で持続可能な経営を実践している（**写真１**）。

写真１　下川町の人工林
（町有林58林班「グリーンランチ」新植栽地）

近年、政府が推進する環境未来都市、バイオマス産業都市構想、森林総合産業特区等に指定され、森林資源等地域の自然資源を利活用する様々なプロジェクトを展開している。その重要な取り組みが林業システム革新、木材産業システム革新で、林業・木材産業一体で革新を図ろうとしている。

林業システム革新で10年以内に具現化する取り組みとして、林内路網高密度化、先進的林業機械導入、国有林との共同施業団地事業推進等である。林産システム革新の取り組みとして、森林資源量と消費者ニーズを連動させた迅速かつ安定的な加工・流通体制の高効率化を図ること等を目指している[8]。

これらの取り組みの基礎となるのが森林資源の科学的かつ利用可能なデータによる的確な把握である。そこで下川町は住友林業㈱と共同で「森林資源量解析システム」を開発し2013年7月公表している。

下川町内の町有林を含む民有林および国有林の森林共同施業団地約25000ヘクタール《ヘクタール》を対象として航空写真、航空機レーザー測量、地上調査により得られたデータを解析し、データベース化し、森林GIS上で活用するシステムである。このシステムにより樹種、樹高、立木本数等の森林資源量が的確に得られ、伐採計画や林道開設計画に活用を開始している[9]。

このシステムの導入により持続可能な森林経営により創出された森林資源を持続的、効率的に需給のバランスをとりながら利活用出来ると考えられる。このシステムは広域での活用も可能で、前出の大規模プロジェクトでの利用も検討に値すると考えられる。

下川町では木材産業の改革にも取り組んでいる。2014年6月㈱下川フォレストファミリー(山下邦廣社長)を設立した。同社は森林組合が手がけていた集成材加工事業を森林組合から分離・独立させ、抜本的見直しのために株式会社化し経営の合理化を図ったものである。新会社には町内外の29人が出資、森林組合も1000万円出資し、3150万円の資本金を集めている。町も資金面で支援している。主力商品は町内産のシラカバ等広葉樹のフローリング、内装材やカラマツの防腐防蟻土台で下川町の地域資源の特徴を活かした製品で、町産材の附加価値向上を目指している(日本林業調査会2014:12〜14)。

3　住友林業㈱社有林経営の新展開

同社は1699年に住友家により創業され、320年にわたって林業経営を継続している。近年、皆伐方式導入による新しい展開を樹立しているのでその概要を述べたい（片岡明人、長谷川香織2014：17～25）。

1991年に社有林全体で非皆伐方針を決めていたが、2006年に皆伐を再開し、2011年森林施業計画で皆伐方式を改定し、2013年に森林経営計画編成に合わせて次の見直しを行っている。

基本となる考え方は、山林の資産価値の最大化と合板工場等木材加工工場のニーズへの対応である。経済環境の変化に柔軟に対応し、〝戦えるコスト〟を樹立することである。高品質より高蓄積な森林造成にウエイトが変わっていくことを目指して、次の施業の変更点を揚げている。

①経済林を皆伐、非皆伐の林分に分割

②皆伐面積を最大10㌶とする（従来は5㌶）。これに伴い、渓流部分にはバッファーゾーンを設ける。

③地位毎の施業体系を新たに作成。最低成立本数をスギ、ヒノキ760～800本／㌶とする。

④収入間伐（注：搬出間伐）実施を絶対条件とせず、保育間伐（注：搬出しない間伐）での代替も可とする。

皆伐面積の拡大に伴う施策として、コンテナ苗生産の拡充、低労働負荷型森林造成としてツリーシュルター使用によるシカ食害防除、下刈り作業回避、タワーヤーダーによる集材システムの改良、ＧＩＳシステムの高度化による森林管理等を実施している。

なお、皆伐面積の５ヘクタールから10ヘクタールへの拡大にあたっては環境への影響のモニタリング調査を実施し、影響のないことを確認したとしている。今後も継続してモニタリングすることを期待したい。[10]

住友林業㈱は木質系バイオマス発電事業の展開にも力を入れている。２００８年、川崎市に住友共同電力㈱等と川崎バイオマス発電㈱を設立し、２０１１年２月から運転を開始している。発電能力３万３０００キロワット、木質チップ（木質廃材が主）年間18万トンを燃料としている。木質廃材は住宅解体時に発生する木材が主で都市型の木質バイオマス発電と言える。

北海道紋別市にも住友共同電力㈱と共に自社林からの林地残材を主とする木質バイオマスと石炭混焼の発電所（５万キロワット）を２０１４年11月建設開始し、２０１７年運転開始を目ざしている。また、苫小牧市では三井物産、岩倉組、北海道ガスと共に発電所建設を開始している。

さらに、ＪＲ東日本と共同出資で岩手県八戸市に鉄道林などの間伐材を燃料とする木質バイオマス発電の新会社設立を２０１４年12月２日に発表している。

4　その他の取り組み

(1)　JAPICによる林業復活、国産材需要拡大への提言

日本プロジェクト産業協議会（JAPIC、三村明夫会長）は昭和58年設立の社団法人で37業種、191社が参加し、〝国家的諸課題の解決に寄与し、日本の明るい未来を創ること〟を目的に産業界を中心に政策提言等の活動をしている。JAPICはかねてから日本の林業再生や国産材需要拡大に取り組みJAPIC版国産材認証制度も発足させている。JAPICの日本創生委員会（寺島実郎委員長）は新たに「林業復活・森林再生を推進する国民会議」を立ち上げ、国産材需要拡大を目指している。第1回会議を2013年12月18日に開催している（日本林業調査会2013）。

日本創生委員会は2013年2月に林農水大臣と甘利明経済再生担当大臣宛に「日本経済再生に資する『林業復活』についての提言」を提出している。同提言で「日本経済再生」と「林業復活」を結びつける理由として①中長期的視点（木材産業の特質、永久循環型）、②地方地域の産業視点、③国土潜在力の活用（自給率）、④多面的効用が重要なポイントであるとしている。具体的な提言として政府と民間が協力し、国産材の需要拡大のための政府広報等により啓発、使用インセンティブ政策、法改正、規制改革等をあげ、数値目標として2020年までに国産材自給率50％の達成を掲げている。また、政府の取り組みや民間の取り組みについても提言している。[11]

(2) スマート林業ワーキンググループの活動

スマート林業はプラチナ構想ネットワーク[12](会長、小宮山宏三菱総研理事長)により提唱されている日本林業再生の戦略で、ワーキンググループは東京大学鮫島教授、仁多見準教授が中心となり活動している。スマート林業の目標は国産材総供給量1億㎥(内、5000万㎥を輸出)を2030~40年に達成し、国際競争力を有する産業構造に転換し、将来的には「材」の輸出国となることを目指している。全国10地域にモデルを作り、プラチナ構想ネットワークを通じて全国に展開を目指している。長期的ビジョンは木材が資源として適切に管理され効率的に活用され、自律的な森林経営ができる人・地域が増えることにより、林業、木材産業が無駄のない新しい産業構造に転換されることとしている。

スマート林業創生には大規模化、機械化、サプライチェーンの構築の3点を提言している。大規模化は全国に年間百万㎥生産の百経営体を設立すること、機械化には日本に最適の機械群を開発することをあげている。[13]

国産材供給量1億㎥、百万㎥・百経営体の壮大な構想で、実現には当然多くの課題があるが、将来の林業、林産業のあり方に一石を投じたと思われる。

5 森林経営計画の認定要件見直しについて

森林経営計画制度の概要と課題については第10講に述べたが、認定要件が厳しく普及が進まないこと、自民党の４月25日付「強い林業づくりビジョンと施策の構築について」提言や現場の声などから２０１３年11月に認定要件見直しが行われ、２０１４年度から実施されることとなった。

見直し後の要点は、面積要件を「林班２分の１」から「区域内30㌶以上」に緩和したことである。地域の実態に即して一定区域で30㌶以上を対象に計画を立てて良いことになった。また、条件が悪く30㌶を確保できない地域については、将来森林経営計画を目指すことを前提に２０１３年６月に成立した間伐等特措法に基づいて計画をたてていれば国庫補助を得られることになった。

この見直しにより林野庁は森林経営計画制度の普及を図ろうとしている。しかしながら、「森林・林業再生プラン」が目指した施業集約化、路網整備による面約まとまりのある施業による国産材供給力向上の基本施策との整合性が今後の課題と考えられる。現実として、自伐林業者や中小森林所有者が森林経営計画を立てやすくなることも事実である。

6　まとめ

わが国の森林資源の特徴を示す数字をいくつかあげておきたい。森林面積は約２５００万㌶、国土面積の３分の２を占めている。この内スギ、ヒノキなどの人工林が約４割、私有林が約６割である。蓄積は約50億㎥、近年は年平均約１億㎥増えている。蓄積の内、人工林が30億㎥、単純計算で年間需要量は約７０００万㎥の40年分に相当する木質資源が日本の森林に蓄えられている。森林は国土保全、環境保全、温暖化防止に重要な役割を担っている。この資源を持続可能な経済的に成り立つ方法で環境保全と両立させ活用することが、わが国の森林政策、環境政策の課題である。

木材工業の大規模化について、高知、長野、宮崎の事例と、原木供給の課題を述べたが、大規模化することにともない、木材加工と林業を一体化して取り組む重要性が増すと考えられる。このことで下川町の林業システム革新の取り組みや、業界の外からの提言としてJAPICやスマート林業の活動にも目を向ける価値があると考える。一方、大規模化の一律的推進が困難なことは森林経営計画制度の認定要件の見直し、緩和措置にも端的に表わされている。

小規模林業の手法として「自伐林業」の取り組みがNPOの活動等で広がっている。「自伐林業」とは自らの山（所有山林や地域の山林）を自らの手で整備し、木材を出荷して収入を得る林業、自立経営型の本来の林業のこととされている（田内ほか２０１３）。

大規模、小規模どちらが良いのか単純には言えない。林業や木材加工は本来、地域の資源、社会状況により様々な形態があってよいはずである。今後の日本の林業、木材産業の潮流として大規模化に進むことになろうが中小規模の存在を見捨てずに施策を推進することが必要と考えられる。

注

［1］おおとよ製材㈱に関する資料は高知県林業振興・環境部環境共生課のご協力による。

［2］信州Ｆ・ＰＯＷＥＲプロジェクトに関する資料は長野県林務部県産材利用推進室のご協力による。

［3］長野県の２０１３年の素材生産量は33万㎥、平成27年に60万㎥を目指している。

[4] 米国から日本に輸入されるベイマツ丸太の56・２%を中国木材が使用（２００7年実績）、国内の人工乾燥梁・桁（ドライビーム）の80%を供給（中国木材ホームページより）。
[5] 中国木材日向新工場に関しては「林政ニュース」第４７３号、２０１３・11・20、㈱日本林業調査会、10〜13頁を引用した。なお、総投資額は中国木材ホームページによれば３５０億円となっている。
[6] おおとよ製材は当面、ヒノキ製品を指向すると見られているが、現在の高知県のヒノキ素材生産量からすると、ヒノキ供給が同社に集中する可能性がある。なお素材生産量のデータは高知県の資料による。
[7] 例として住友林業㈱の紋別市での石炭混焼発電所がある。総投資額１５０億円、５万キロワットでＦＩＴ利用して北電などへの売電を予定している。平成28年営業運転開始。
[8] 下川町バイオマス産業都市構想、下川町作成、６、７、10頁。
[9] 下川町森林資源量解析システム資料および住友林業発行「樹海」１２４号（２０１３年 Autumn）15頁による。
[10] 本稿に関し住友林業㈱山林部長 長谷川香織氏にご教示を受けたのでこの場を借りて謝意を表したい。
[11] ＪＡＰＩＣホームページ、http://www.japic.org/index.html
[12] 会員：１０４自治体、63社、特別会員：36名。
[13] スマート林業に関する資料は２０１２年３月22日下川町「環境未来都市」推進フォーラムでのプラチナ構想ネットワーク小宮山宏会長、糟谷英之主任研究員の講演資料および同ネットワークホームページによる。

文　献

片岡明人・長谷川香織（２０１４）『社有林を活用した地域活性化の可能性』「山林」１５６４号、大日本山林会。

下川町（２０１３）「下川町バイオマス産業都市構想」。

田内裕之ら（２０１３）「地域資源で循環型生活をする定住社会づくり」、科学技術振興機構、社会技術研究開発センター主催シンポジウム報告案47頁。

日本林業調査会（２０１３ａ）「林政ニュース」（第４７３号、平成25年11月20日）、日本林業調査会。

日本林業調査会（２０１３ｂ）「林政ニュース」（第４７４号、平成25年12月４日）、日本林業調査会。

日本林業調査会（２０１４）「林政ニュース」（第４９４号、平成26年10月８日）、日本林業調査会。

第12講　わが国の木材輸入史と環境問題

第11講ではわが国の木材産業の現状と課題について論じたが、今回はわが国の木材供給を木材輸入の歴史的側面から筆者の実務的経験も含めて述べたい。

世界の木材貿易の歴史は遠い昔に遡ることができる。森林がみんなのもので個人の所有権がはっきりしていなかった時代は木材は自由材であった（ウェストビー1990：22）。古くはレバノンスギがエジプトに運ばれ貴重な棺の材料であったことは知られている。近世では英国の帆船のマスト（帆柱）がスカンジナビア、カナダ等から輸入されていた。日本でも正倉院の宝物に残されているように香木や唐木が海を越えて入っていた。長距離を運ばれる木材は特殊な用途や高価なものに限られていた。私たちの暮らしに結びつく一般材が貿易の対象となるのは海上の大量輸送手段ができた近世になってからである。

わが国は現在では木材輸入国であるが、大正時代は輸出国であったことはあまり知られていない。当時輸出されていたのは北海道産の広葉樹材であった。また、わが国のラワン等南洋材は北海道産広葉樹材の代替品として大正中期から輸入が本格化した。

1　わが国木材輸入の歴史的段階

わが国の木材輸入は歴史的視点から次の段階に大きく分けることができると考えられる。

最初の段階は輸入材は国産材の代替材としての位置づけであった。輸入された広葉樹は北海道産材の代替としての南洋材であり、主にフィリピン、英領北ボルネオ（当時）から輸入が始まった。針葉樹はスギ、ヒノキの不足を補完する材として関東大震災後の復興材とし、米国から米材の輸入が始まり、第二次大戦後の復興材として輸入が再開されている。

次の段階は昭和39年（1964年）の丸太輸入の自由化を契機として輸入材の時代に入ったことである。経済成長期の国産材資源の不足を反映し、昭和40年代に輸入材は国産材を凌駕し、自給率は大きく低下し、その後長く市場を占拠するに至った。

現在は約半世紀ぶりに国産材への回帰の段階に入ったと見られる[1]（図1）。自治体等で国産材輸出の努力も続けられている。背景としては世界的な資源動向と需給の変化、国内資源の潜在的供給力の増加がある。政府の国産材振興政策によるところも大きな要因と考えられる。木材産業の国産材をめぐる最近の動向は第11講で述べたとおりである。

わが国の木材輸入に大きな影響を与えてきたのは合板業界であるが、合板用材（原木）は北海道産広

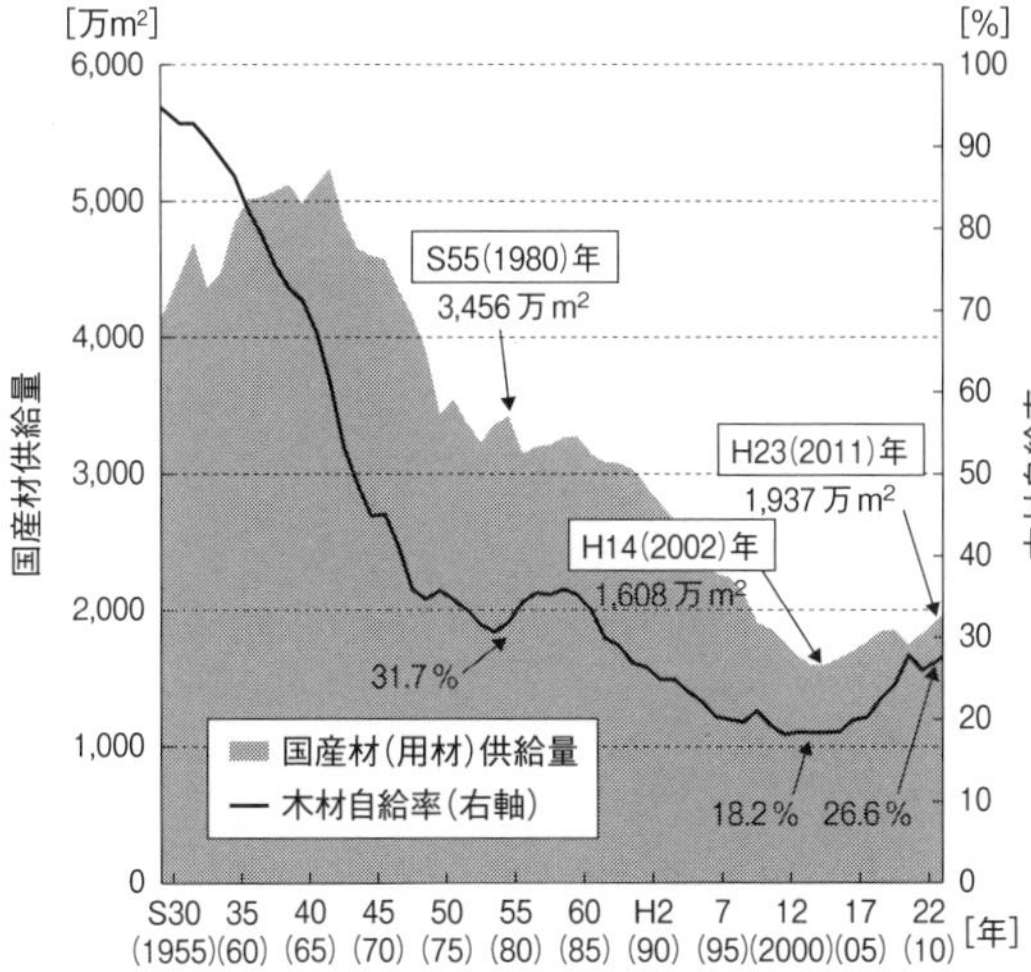

図１　国産材供給量と木材自給率の推移
資料：林野庁「木材需給表」
出典：森林・林業白書、平成25年版、8頁

葉樹材の代替として南洋材の使用が始まり、戦後はほぼ１００％南洋材になったが、近年は国産材のスギ、カラマツ等の割合が急増し、２０１１年には65％に達している。原材料の樹種転換から、合板は広葉樹合板から針葉樹合板へと変化してきている。

2　わが国の木材輸入史概観

わが国の木材輸入は１９２３年関東大震災の米材を主とする復興材の輸入が第一の契機である。１９２８年にピークを迎え、その後下降の一途をたどり１９４４年には輸入は完全に中断された。この戦前の歴史を木材輸入前史として戦後の復興期、高度成長期、現代に分けることができる。

(1) 関東大震災(1923年)から終戦(1945年)まで

① 略史　前述のように大正時代はわが国は木材輸出国であった。1917年(大正6年)には輸出高1478万円に輸入高494万円と984万円の出超で、当時としては木材は外貨を稼ぐ輸出品であった。輸出材の主力は北海道産(道産)のナラ材のインチ材とよばれる製材品で三井物産などにより主に小樽港から英国に輸出されていた。他に、鉄道枕木、茶箱用モミ材、マッチ軸木等である。当時の木材輸出のピークは1920年(大正9年)で、輸出高2740万円(輸入高2337万円)と記録されている。欧州大戦後の国内好景気で木材輸入が増え、1921年(大正10年)にはわが国は木材輸入国に転じている。

わが国の木材輸入が増えた第一の契機は関東大震災(1923年、大正12年)の復興材として米材を主とする輸入である。輸入統計から見ると1920年124万石、1924年1201万石と10倍に増え、震災需要後も外材はわが国市場に定着し増え続け、1928年(昭和3年)には1496万石とピークを迎えた(1石は10立法尺、約0.28㎥)。1929年に木材関税が大幅に引き上げられ、木材輸入は減少に転じ、1935年に672万石、1940年に365万石と下降の一途をたどり、太平洋戦争の激化とともに1944年にはゼロとなり輸入は完全に中断した。[2]

② 南洋材輸入事始め　私の手元に昭和17年に出版された「南方の木材資源」と題する貴重な書籍がある(田平1942)。同書の483頁から542頁に「南洋材沿革史に関する資料蒐集座談会の記録」が掲載されている。この記録は昭和16年6月7日大阪と同年6月30日東京で産官学の重要な関係者が

各々20名と28名出席した座談会の記録で貴重な歴史資料と思われる。この記録の出席者の発言を整理し、わが国で南洋材が使われ始めた歴史を繙いてみたい。

①輸入初期

最初に南洋材が輸入されたのは大正2、3年ごろに神戸港に荷揚げされ「得体の知れぬ大きな長い割れだらけの木材が揚った」と生駒氏は語っている（同書495頁）雑木として扱われ、下駄材として試用したが失敗し、川崎造船が購入し、造船用材として利用されたようである。その後大正8、9年頃には三菱造船（長崎）、播磨造船でも造船用材として利用されたと述べられている。[3]

②家具、キャビネット等

大正10年ごろ、広葉樹材の花形であった道産の栓（セン）材が木柄が小さくなり、節も多くなったことから代用品を求める声が洋家具製造業界から強くなっていた（同書493頁）。代用品として南洋材に目を付けたのが大阪の南洋材問屋の先駆者、阪萬商店で洋家具用として試したが目割れ等で成功せず、蓄音機のケース用で「縞ラワン」と称し、マホガニーの代替として売り出し成功している。[4] その後家具材としても南洋材は定着し、昭和3、4年には南洋材が無ければ一般に家具はできないと言う位になってきたと述べられている（同書494頁）。道産のナラ、カンバは特別なもの（高級なもの、筆者注）になっていたようである。

おもしろい例としては、大正11年に大阪のクトク商会が白ラワン材を天井板に加工し「文化桐」として売り出し、一般建築用材としても用途が広がっている（同書502頁）。電化製品用としては松下無線（現在のパナソニック）がラワン材を昭和２、３年頃に電気こたつやラジオのキャビネット用として定着させている（同書５１２頁）。

③合板用材

南洋材を合板用として最初に試みたのは大正６、７年頃に名古屋の浅野木材で「浅野板」の名称で商品化していた（同書５３８頁）。大正10年には兵庫県尼崎の森薄板製造所が道産材のナラ、シナ、タモ、カンバの代替材として、セラヤ・ラワンを使用しラワンベニア板として販売していた（同書４９９、５００頁）。ラワンベニアが本格的に市場化されたのは大豆グルーが接着剤として使用され、関東大震災の復興材として大正12年東京の日本プライウッド㈱が生産したころからと見られている（同書５０１頁）。昭和６、７年頃にはラワン材の輸入も増え、ベニア板はラワンが主流となりラワンベニア全盛時代を迎えたと述べられている（同書５３８頁）。

南洋材は大正初期から家具、造船用材として利用され始め関東大震災後の復興材としてラワンベニア板が本格的に流通し、昭和６、７年から全盛期に入るが第二次大戦開戦とともに南洋材（ラワン材）の輸入は激減し、戦後の輸入再開まで南洋材合板や製材品の生産は完全に中断された。

(2) 戦後の復興期（１９４５年から１９６３年まで）

この時期の輸入材は戦後の復興材としての国産材を補完する役割と輸出合板の原材料としての役割を担っていた。

当時、日本の外貨事情は厳しく、輸入業務に携わるには外貨枠の獲得等貿易上の制限が多い時代であった。

戦後の木材輸入は1948年に5000㎥のフィリピン産ラワン材の輸入により再開された戦後復興物資の輸入に必要な外貨を獲得するための輸出合板の原料として貿易公団により輸入された。1950年に「外国為替および外国貿易管理法」により、木材貿易は民間に移管され輸入量は増え、1953年には南洋材の輸入量は130万㎥と前年の2倍に増えた[5]。

1950年代に木材輸入の主役は南洋材で輸入量の7割以上を占めていた。南洋材は戦後復興期の住宅、ビル等の建設にベニア板、ラワン製材品として重要な位置を占めていた。また、合板輸出は加工貿易として外貨獲得の重要な役割を担い、原材料である南洋材の輸入代金の3分の1は合板輸出金額に相当していた。前述の如く外貨事情が厳しいことから加工貿易枠取得のための合板やインチ板の輸出能力が必要とされ、木材貿易での総合商社の役割が重要な位置を占め、木材貿易への商社参入が始まった時期とも言える。

1960年代半ばまで欧米向けの合板輸出は続き、東京、大阪、名古屋、清水等の主要な港湾部に多くの輸出合板工場が立地し、稼働していた。合板の欧米市場はその後台湾、韓国の合板メーカーに占められていった。

(3) 高度成長期（1964年から1985年まで）

① 略史

1964年は東京オリンピックが開催された年で戦後の復興期から成長期に入った節目の年と見られている。この年は丸太の輸入が完全に自由化された年でわが国の林業・木材の歴史に残

写真1　米国のトレーラーによる運材（ワシントン州、2000年）
急峻な地形でも大型トレーラーを使用している。

写真2　四国、住友林業社有林でのトラックでの運材（1990年代）
米国に比べ規模の違いが分かる。

る年でもある。

丸太輸入の完全自由化は経済の高度成長による旺盛な木材需要に対処するためであったが、1965年から5年間で木材需要は3200万m³も増え、1億m³に達した。この間、輸入材は2000万m³から5600万m³と3倍近くに増え、需要増を輸入材で補った形となった。自給率は1965年7割であったのが、1969年には5割を切り、40年近くにわたり下降線をたどった（**図1**）。

米国、カナダから輸入される米材は建築用材が主で国産材のスギ、ヒノキと数量面でも価格面でも直接競合することになった。その輸入量は1965年424万m³から1970年には1250万m³と3倍に増え、スギ、ヒノキの補完的な立場から市場で重要な位置を占めるようになった。

南洋材は1965年の885万m³から1970年の1764万m³と2倍に増え、1974年には2680万m³とピークに達し、その後減少に転じた。主要産地は1960年代のフィリピンから1970年前半にインドネシアに移り、1976年に

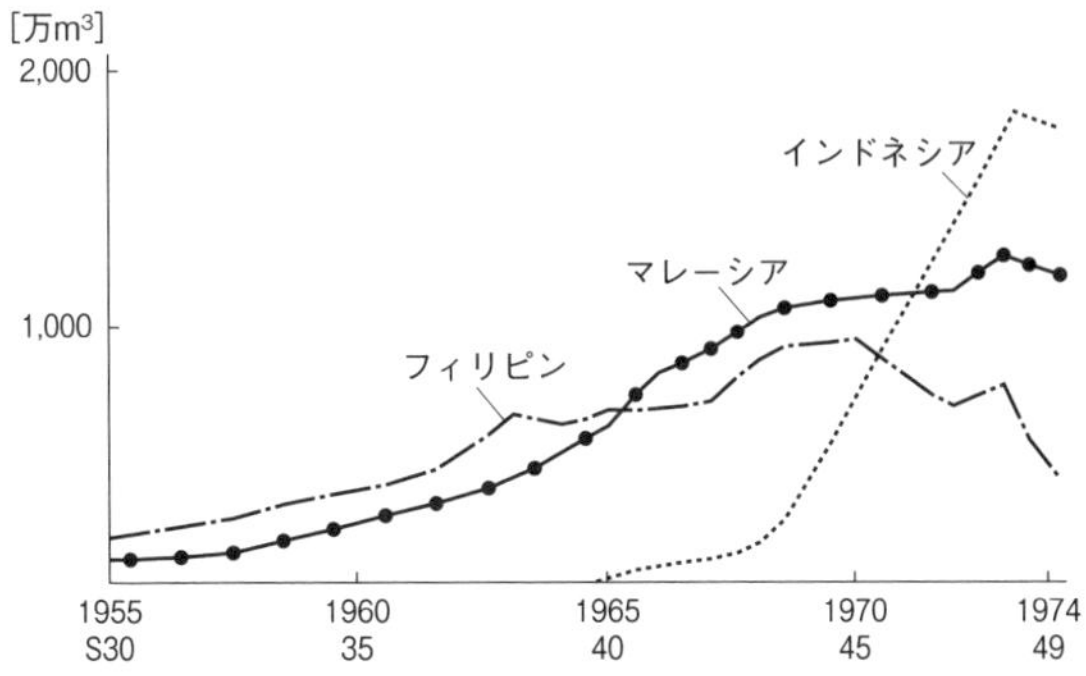

図2　昭和30年、40年代主要産地国輸出量推移
「転換期の南洋材問題」(日本林業調査会)より抜粋

はマレーシアからの輸入量が1000万㎥を超えトップの座を占めた(図2)。

1970年代前半の輸入量上位10社は1社[6]を除き常に総合商社で南洋材輸入の主役であったと言える。輸入形態はフィリピンでは通常の貿易活動である買材方式が主であったが、インドネシアでは日本商社による開発輸入方式が主流となっていた。

1985年、インドネシアは国内の木材加工産業育成のために、原木輸出を全面禁止し、わが国の南洋材輸入は大きな転機を迎え、原木輸入は減少を続け、合板等製品輸入の時代へと移っていく。さらに、1980年代後半から環境問題への対応に迫られてくる。

② **開発輸入方式**　わが国のインドネシアからの1970、80年代前半での南洋材輸入の増加は開発輸入方式によるところが大きい。

開発輸入方式は先進国が途上国に資本と技術を供与し、一次産品などの開発を促進し、その生産物を輸入することで途上国の経済発展に資し、先進国の資源安定確保を目的に1963年に国連貿易開発会議で提起された方式である。外貨導入で経済発展を図りたいインドネシアと木材資源の安定確保を望む日本のニーズが合い、開発輸入方式が伸びたと考えられる。

インドネシア政府は1967年に民間事業者が森林を開発し伐採する制度として、森林伐採権（HPH）発給制度を確立し、続々と林区権が発給された。森林開発への外貨の参入も認められ、日本、米国、英国、フィリピン、マレーシア、韓国等の企業は合弁会社を設立し、森林開発が本格化し〝グリーン・オリンピック〟と称されるほどで、輸出量は1978年に1940万㎥のピークを迎えている。

わが国企業の多くは開発輸入方式で合弁会社を設立し開発事業に参入しているが、総合商社の得意とする分野で多額の資金と優秀は人材を投入していた。私は1971年から1年半東カリマンタン州のバリックパパンに駐在し、インドネシアと米国、日本が共同開発したＩＴＣＩ社の初期の事業に参加した経験を持っている。[7]

わが国企業による代表的な合弁会社としては住友林業によるP.T.Kutai Timber Indonesia（ＫＴＩ社、マハカム流域のスブル）、三菱商事によるP.T.Balikpapan Forest Industry（ＢＦＩ社、バリックパパン）等があり、いずれもわが国の有能な林学科出身の若手林業技術者の指導で立派な事業を展開していた。ＫＴＩ社は現在もインドネシア大手木材企業として合板工場、ＭＤＦ工場や植林事業を経営している。

(4) 製品輸入の時代へ(1985年から2000年代へ)

1980年代半ばから2000年にかけての10数年は木材輸入に大きな変化のあった時代で、原木輸入から製品輸入へと転換していった。特に1985年から10年間は大きく変化した時期と言える。この間の変化を見ると輸入材全体に占める製品の割合は12%から42%に増えている。その中で米国、カナダ材は26%から53%へ、南洋材は8%から48%へと大きく増えた。合板輸入の増加によるもので、10年で15倍に増え、輸入合板の国内市場の占有率は1998年に54%となり国内産を上回った。

南洋材輸入は1985年インドネシア政府による原木輸出全面禁止を契機に減少の一途をたどり、1998年は336万m³とピーク時(1973年)の13%まで減った。供給先(産地)も変化し、マレーシア材221万m³、パプアニューギニア材102万m³、アフリカ材13万m³(1998年)となった。日本企業の南洋材貿易での役割も大きく変化した。インドネシアの原木輸出禁止による開発輸入方式の消滅、インドネシア合板工業会(APKINDO)による合板輸出の独占体制、さらにはマレーシア等の現地資本の台頭と生産者自身によるマーケティング等により日本商社の木材貿易に果たす役割は少なくなった。1990年代に多くの商社の南洋材部門は縮小か消滅、もしくは子会社に移管されている。

東南アジアの森林資源減少、地球環境問題なども背景にあるが、東南アジア諸国の林業、林産業の変化が日本企業の南洋材貿易での役割に変化をもたらした原因と考えられる。

3　まとめ

本講では大正、昭和時代を中心にわが国の木材輸入史を南洋材に焦点をあて概観した。熱帯林業の先駆者である保田克己氏[8]は1970年末代の末にフタバガキ科（ラワン類等）を主とする天然林伐採跡地の更新技術のないまま各国で伐採の進んでいることに強い危惧を示していた（筒井1978）。その後、フタバガキ科の植林技術も開発され、東南アジア諸国での早生樹による大規模植林も事業化されている。一方、熱帯林の減少はオイルパーム等の農園開発等を主要因として続いている。

木材産業は安定して原材料を供給する豊かな森林資源が存在して初めて成り立つことは言うまでもない。

かつて、南洋材の大集散地であった東カリマンタン州サマリンダには合板工場がマハカム川沿いに軒を連ねていた。もう10年以上前からマハカム流域からの原木供給は減少し、残っている合板工場は原木の一部を遠くイリアンジャヤから移入している。

木材工業は元来、背後に豊かな森林資源のある所に立地するのが当たり前であった。戦後、わが国の木材産業が外材依存に傾斜したことから大規模木材産業は港湾部に立地してきた。

国産材回帰の時代を迎え、前号で述べたように豊かな森林資源のある内陸部にも大規模工場の立地が増えてきた。

木材加工工場経営の要件は工場の原木消費量に見合う経済的な運材距離による周辺地域からの安定

した供給量の確保である。

一方、原木供給側である林業経営者（山側）としては、原木の安定供給に努める見返りとして、市場動向に大きく左右されることのない、山側に利益の還元できる安定した価格での原木の買取りを望むのは当然のことである。

従って、地域の持続可能な森林経営と木材加工工業の長期的に連携が行政、民間レベルで必要と考えられる。

ラートカウは「木材と文明」の著書で「日本の高度に発達した木材加工の文化の伝統と持続的な林業の伝統との間に関係があるか否かの問い」に回答するのは難しいと述べている（ラートカウ2013）。現在のわが国における持続可能な森林経営と木材加工工業の新たな関係のあり方を産官学で協働して考える時期に来ていると考える。特に地域レベルでは喫緊の課題と思われる。

注

[1] 木材自給率は平成24年27・9％と平成14年（2002年）の18・2％から約10％増えている。国産材の割合は製材用素材で約7割合板用素材で65％（平成23年）に達している。

[2] 木材輸出入統計数字は主として筒井（1978）および渋谷（1968）を参考にした。

[3] 当時の造船用材として用途は船台などでのダンネージとよばれる緩衝材として利用されたと思われる（筆者注）。なお、戦時中は播磨造船等がインドネシア・ボルネオ島で木造船を建設していた。筆者はサンクリラ

ンで播磨造船の事業所跡を１９７０年頃に見た経験がある。

［4］フィリピン産の硬めの赤ラワン、タンギールと思われる（筆者注）。

［5］同上注［2］に同じ。

［6］この1社は新旭川木材㈱で旭川を発祥の地とする木材専門商社であった。

［7］PT. International Timber Corp Indonesia（ITCI）は60万ヘクタールの林区権を有すインドネシア有数の林業会社で１９７０年着業。インドネシア政府系財団と米国企業の合弁会社として発足、わが国からは融資買材方式で三井物産、三菱商事、住友林業が事業の初期段階で参加した。

［8］１９７０年代後半の住友林業㈱社長。

文献

ジャック・ウェストビー（著）、熊崎　実（訳）（１９９０）『森と人間の歴史』、築地書館。

渋谷忠一（編著）（１９６８）『外材読本（補填版）』、日刊林業新聞社。

田平　寛（１９４２）『南方材の木材資源』、七丈書院。

筒井迪夫（監修）（１９７８）『転換期の南洋材問題』、日本林業調査会。

ヨアヒム・ラートカウ（著）、山縣光晶（訳）（２０１３）『木材と文明』、築地書館。

第13講　地球温暖化をめぐる世界と日本の取り組み

２０１３年から２０１４年11月にかけて公表されたＩＰＣＣ第５次評価の作業部会報告書と統合報告書は地球温暖化は疑う余地がなく、人間活動が温暖化の支配的な要因であった可能性が極めて高いと報告している。

ＣＯＰ20（２０１４年12月）では２０２０年以降の温室効果ガス削減目標等の新しい枠組みを決める国際交渉の道筋が合意された。地球温暖化の国際的取り組みは紆余曲折あり、歩みは遅いものの進んでいると見られている。

一方、わが国の取り組みは東日本大震災、福島原発事故以降大きく後退している。京都議定書の第２約束期間（２０１３～２０２０年）への不参加を決定し、温室効果ガス（ＧＨＧ）の国際的な削減義務は２０２０年まで負わないこととなった。また、わが国は２０２０年のＧＨＧ削減目標25％を公表し、国際公約と見られていたが、この目標を撤回し、２０１３年

11月に3・8％削減目標を決定し、COP19で発表している。3・8％は暫定値としているが、エネルギー基本計画と地球温暖化対策計画を策定した上で早急に見直す必要がある。

本講と第14、15、16講でテーマに地球温暖化の世界とわが国の取り組みの歴史的経緯、現状を概観し森林吸収源の京都議定書での位置づけ、国内での様々な取り組み、REDDプラスの動向等につき述べたい。

冬の異常寒波や豪雪を見て地球温暖化を疑問視する見解もあるが、豪雪も豪雨や大型台風とならぶ地球規模の気温上昇による気候変動の現れと理解されている。従って地球温暖化よりも気候変動の表現を用いるほうがより的確かもしれない。本書ではわが国で一般的な地球温暖化の表現を用いることにする。

1　地球温暖化問題取り組みの歴史的経緯

(1) 国際的な取り組み

地球温暖化問題に対する国際的な取り組みは1980年代末に本格化し、四半世紀が経過したことになる。歴史的経緯を**表1**（小林 2008）に示したが、科学的研究・評価と条約などによる国際的取り決めの交渉が連動し、相互に影響しながら進展してきたと言える。

フィラハでの温暖化防止科学者会議（1985年）やベラジオでの行政レベル会議（1987年）があったものの、本格的取り組みのきっかけとなったのは、1988年の米国での異常気象と、NAS

表1　地球温暖化防止に向けた主な動き

年	主な国内外の取り組み
1985	科学者によるフィラハ会議(オーストリア)
1987	ベラジオ会議(イタリア)
1988	米国異常気象、米国上院ハンセン博士証言(6月) IPCC設置(11月)
1990	IPCC第1次評価報告書(AR1)(8月)
1992	気候変動枠組条約採択(6月、'94発効) 国連環境開発会議(地球サミット、リオデジャネイロ、6月)
1995	IPCC第2次評価報告書(12月)
1997	COP3、京都議定書採択(12月) 日本、地球温暖化対策本部設置(12月)
1998	日本、地球温暖化対策推進大綱策定(6月)、地球温暖化対策推進法制定(10月)
1999	日本、地球温暖化対策推進法施行(4月)
2000	IPCC吸収源特別報告書(5月)
2001	米国、京都議定書離脱表明(3月)IPCC第3次評価報告書(7月) COP7(京都議定書運用ルールの法文書採択　マラケッシュ合意、11月)
2002	日本、地球温暖化対策推進大綱改正(3月)、京都議定書批准(6月) 国連環境開発会議(リオプラス10、ヨハネスブルグ、8・9月)
2003	COP9(CDM植林プロジェクト運用ルールなど決定、12月)
2005	京都議定書発効(2月16日) 京都議定書目標達成計画(5月閣議決定) 地球温暖化対策推進法改正、省エネ法改正、COP11/MOP1(モントリオール、11、12月)
2007	COP13/CMP3(バリ島12月)「バリ・アクションプラン」、IPCC第4次報告書
2008	京都議定書第1約束期間(2012年まで)
2009	COP15/CMP5(コペンハーゲン11、12月)「コペンハーゲン合意」(決議されず)
2010	COP16/CMP6(メキシコ・カンクン11、12月)「カンクン合意」
2013	COP19/CMP9(ポーランド・ワルシャワ11月)、IPCC第5次評価報告書 京都議定書第2約束期間(2019年まで)
2020〜	新枠組み

出典:『温暖化と森林——地球益を守る』(小林 2008)、37頁 表-1に追記

A（米国航空宇宙局）ハンセン博士の米国上院での1980年代の温度上昇に関する証言だとされている。

同年8月、気候変動に関する科学的、技術的な検討を進めることを目的に、気候変動に関する政府間パネル（IPCC）[1]が設立された。

気候変動に関する科学的解明が進んでも、地球温暖化を防止するには条約など国際的な合意に基づき各国が責任をもって取り組まないと実効はあがらない。そこで生まれたのが、1992年6月リオデジャネイロで開催された国連環境開発会議（「地球サミット」）で採択された「気候変動枠組条約」（以下、枠組条約）[2]で1994年3月に発効している。この条約の内容は後述するが、枠組条約は地球温暖化問題に国際的に取り組むための基本原則や枠組を定めたもので、各国の温室効果ガス（GHG）の削減目標や取り組みの各国の責務を定めた合意文書が必要となった。

枠組条約のもとでの「京都議定書」[3]（以下、議定書）がその合意文書で1997年12月京都で開催されたCOP3[4]で採択されたが発効は2005年2月になってしまった。議定書の内容は後述するが、先進国の削減目標は決定されたものの、途上国の削減義務への不参加問題や京都メカニズム等の具体的内容の合意形成に年月を要したこと、さらには米国の議定書からの離脱等が議定書の採択から発効まで約7年要した理由である。

2008年から2012年の5年間を京都議定書第1約束期間とし、先進国等はGHGの削減目標の達成義務に取り組んできた。2013年から2020年を第2約束期間であるが冒頭に述べたよう

写真1　COP15最終全体会合（2009年12月、コペンハーゲン）
左：最終合意に向けての全体会議。右：会議場ロビー

にわが国は参加していない。

２０２０年以降の新枠組みについての国際交渉が現在進んでいるが、新枠組みは京都議定書に替わるものとし先進国、途上国のすべての国の参加を目指している。

気候変動枠組条約の最高議決機関は締約国会議、ＣＯＰ（注4参照）であるが、参加国の総意にもとづく全員一致による議決（コンセンサス方式）がないと決定事項とはならない。１９９４年からの20年のＣＯＰの歴史を振り返ると、このコンセンサス方式が気候変動に対する国際的取り組みが進まない大きな要因と考えられる。歴史的に重要なＣＯＰを３つあげると、１９９７年の京都議定書を採択したＣＯＰ３、同議定書の運用ルールの法文書「マラケッシュ合意」を採択した２００１年のＣＯＰ７と２００９年のＣＯＰ15である。ＣＯＰ３とＣＯＰ７は評価できるが、ＣＯＰ15は京都議定書の第２約束期間や２０２０年以降の取り組みにつき決定する重要な会議と位置づけられていたが、オバマ大統領、鳩山首相（当時）等各国首脳が出席したにもかかわらず、最後の土壇場でベネズエラ等ごく一部の国の反対により合意に至らなかった。筆者はＣＯＰ15に参加し、つぶさに会議のなりゆきを見てきたが「コンセンサス方式」による決議のあり方にＣＯＰの限界を感じた。２０２０年以降の新枠組みは２０１５年のＣＯＰ21で合意を目指しているが、国際交渉のこれまでに経緯をみていると合意形成は容易ではないと考えられる。

(2) わが国の取り組みの経緯

政策の経緯　わが国の地球温暖化対策は１９９０年の「地球温暖化防止行動計画」に遡ることができるが、本格的な取り組みは１９９７年、議定書の採択以降で、次の３つの要素に基づいて推進されてきた。第１に枠組条約と議定書の国際交渉の進展、第2に国内における温室効果ガス排出量の推移、産業界の動向、さらには国内外の世論、国際動向、各国の政策の分析などである。

わが国の政策と法整備の経緯を枠組条約、議定書との関連で**表1**でも示しているが、主な節目となる取り組みは次の通りである。

１９９７年12月議定書の採択直後に地球温暖化対策推進本部が内閣に設置され、翌年6月に地球温暖化対策推進大綱（以下大綱）が策定され、10月には地球温暖化対策の推進に関する法律（以下温対法）が成立し、議定書に対応する政府の組織、取り組み政策、枠組法が整えられ、エネルギーの使用の合理化に関する法律などと合わせて具体的な施策の展開への第1歩を踏み出した。

わが国は２００２年6月議定書に批准したが、批准に備えて同年3月大綱を改正（新大綱）して、温室効果ガス6％の区分別目標を始めて設定した。その後、２００５年2月に議定書が発効し、6％削減義務達成への国としての責務の重みが増し、同年4月には温暖化対策の強化の為に温対法を改正するとともに「京都議定書目標達成計画」(以下目達計画)が閣議決定された。

２００８年に議定書が第1約束期間に入ったことから5月に温対法は4度目の改正がなされ、３月には新目標計画が閣議決定されたが、いずれも一部の修正にとどまっている。

民主党政権のもとで温暖化対策の抜本的な強化を目指し、枠組法として「地球温暖化対策基本法案」が２０１０年3月閣議決定されたが、２０１２年11月廃案となった。本法案は２０２０年までに１９９０年比25%削減目標や国内排出量取引制度などを織り込んだ画期的な法案であったが、日の目を見ることはなく、わが国の温暖化政策は後退の道へと進むことになった。議定書の第1約束期間終了にともない、２０１３年5月17日温対法は改正され、京都議定書目標達成計画策定は地球温暖化対策計画策定に改正されたが、２０１５年1月に至るも対策計画は策定されていない。

２０１３年11月地球温暖化対策本部は２０２０年の新目標を２００５年比３・８%削減とすることに決定し、ＣＯＰ19で暫定値として公表している。[5] ２０１４年9月23日の国連気候サミットまでにこの暫定値を見直すことができなかったが、２０１５年3月までに国際的に公表することがわが国の国際的信用の上で必要と見られている。

原子力発電所再稼働計画、新エネルギー基本計画が策定されないことには地球温暖化政策も定まらないのが２０１５年1月現在のわが国の現実である。

2 気候変動枠組条約と京都議定書の概要

(1) 気候変動に関する国際連合枠組条約(枠組条約)

枠組条約は1992年6月、国連環境開発会議(地球サミット)で155カ国の署名で採択され、2013年3月現在の批准国数は194カ国および欧州共同体である。枠組条約は大気中の温室効果ガス濃度の安定化を究極の目的とし(同条約2条)、締約国の地球温暖化に取り組む枠組を定めているが、主な内容は次の通りである。

枠組条約の基本的な考え方は3条の原則に示されているが、重要な原則として、第1項に衡平の原則のもとで差異のある責任として、気候変動に対するいわゆる「先進国責任論」が示されている。第3項には予防的措置の重要性を述べ予防原則の考え方を示している。また、第3項には気候変動に対処するための政策、措置の実施にあたっては費用対効果に配慮すべきことを示しており、政策実施には経済的手法の導入を検討すべきことを示唆していると考えられる[6](資料13－1)。

枠組条約の目的(2条)を受け、4条約束の2(a)項で、先進締約国は温室効果ガスの人為的排出量を1990年代の終わりまでに従前の水準に戻すことが述べられている。枠組条約の実施に関する規定として締約国会議(COP)の設置(7条)、議定書の採択(17条)等が定められている(小林 2009：45、46)。

表2　京都メカニズム概要

制度名	内　容	根拠条項
排出量取引（ET）	削減量（クレジット）の先進国間での取引	第17条
共同実施（JI）	先進国間でのプロジェクトによる削減量（クレジット）の国際移転	第6条
クリーン開発メカニズム（CDM）	先進国と途上国間でのプロジェクトによる削減量（クレジット）の国際移転	第12条

出典：『温暖化と森林――地球益を守る』（小林 2008）

(2) 気候変動に関する国際連合枠組条約の京都議定書（議定書）の概要

枠組条約4条で示された前出の先進国締約国の温室効果ガス削減の約束の目的達成が困難なことが1995年時点で明らかとなってきたため、各国の具体的な削減目標、対策に関する責務を定める必要性が締約国会議等で論じられ、枠組条約17条に基づき、議定書作成への協議が進められた。

約2年にわたる国際交渉を経てまとめられたのが京都議定書で、1997年12月京都で開催された気候変動枠組条約第3回締約国会議（COP3）で採択され、2005年2月に発効した。2013年3月現在の締約国数は191カ国、EUである。議定書の主要な点は次の通りである（小林 2009：40、41）。

①地球温暖化をもたらす二酸化炭素（CO_2）など温室効果ガスの排出量削減目標を法的拘束力をもって附属書Ⅰ国の先進国等は初めて約束したこと（3条1項）。

②京都メカニズムと称される、排出量取引（ET）、共同実施（JI）、クリーン開発メカニズム（CDM）が柔軟的措置の国際制度とし

て導入されたこと（6、12、17条（表2））。

③ 森林吸収源（「シンク」と称す）によるCO_2吸収量が限定的であるが削減目標の算定に加味されたこと（3条3項、4項）。

これ等3項目のうち①の数値目標に関しては議定書3条1項で附属書Ⅰ締約国は2008年から2012年（第1約束期間）に温室効果ガスの排出量を基準年である1990年の排出量に比べて少なくとも5％削減することを義務付けている。さらに、日本はマイナス6％、EUはマイナス8％、米国はマイナス7％、ロシアは0％など各国別の排出削減数値目標を附属書Bで設定した。

②の京都メカニズムは地球環境問題の世界的取り組みに経済的手法を導入したもので前出の枠組条約3条3項の考え方に基づいており、特に排出量取引（17条）は市場メカニズムを活用した典型的な経済的手法である。

議定書の問題としては、発展途上国の排出削減義務がないこと、削減目標の国別削減率の妥当性、米国の離脱等があり、2020年以降の枠組ではこれらの解決が課題となっている。

議定書締約国は付属書Ⅰ国とⅡ国に分類されており、Ⅰ国は市場移行国（旧ソ連邦、東欧諸国）を含む先進国で第1約束期間に排出削減義務を負っている。Ⅱ国は市場移行国を除く先進国で、削減義務に加えて途上国に対する資金援助、技術移転の義務を負っている。

米国は1997年COP3での京都議定書の採択に賛成しているものの批准しておらず2001年に離脱を表明している。また、カナダは批准したが2013年に離脱している。わが国やロシアは議定書の締約国であることを維持しているが、第2約束期間の削減義務には参加していない。

第2約束期間の削減義務に参加しているEU諸国、オーストラリア、ノルウェー等の全世界の排出量に占める割合は15％前後にすぎず、議定書の役割が疑問視される所以である。[7] 従って、2013年から2020年までは世界的な温室効果ガス削減の空白期間になりかねないと考えられる。

3　IPCCと第5次評価報告書の概要

(1)　IPCCの概要

IPCCの役割は注1でも述べたが各作業部会の責務は次のとおりである（小林2008：37）。
①科学的知見の評価（第1作業部会）
②環境および社会経済への影響の評価、気候の変化に対する自然と社会が持っている「適応能力」と「脆さ」の評価（第2作業部会）
③対応戦略の策定、「緩和策」の将来性とコスト（第3作業部会）
IPCCは気候変動に関する科学的評価を5年に1度、評価報告書（Assessment Report）として公表してきている。また、森林等の吸収源に関しても報告書を出している。それ等の名称と発行年は次のとおりである。
・評価報告書
第1、2、3、4次評価報告書（1990、1995、2001、2007）

・IPCC吸収源特別報告書（2001）
・第5次評価報告書2013年9月〜2014年11月

2007年の第4次、2013年の第5次評価第1作業部会報告書はCOPの議論や各国の政策に大きな影響を与えてきた。また、2001年のIPCC吸収源特別報告書の森林吸収源に関する科学的知見は議定書の交渉に大きな影響を与え、2001年COP7の「マラケッシュ合意」の森林吸収源の運用ルールや2003年のCOP9の植林CDMの運用ルールの合意達成に結び付いたと考えられる。わが国からも各評価報告書の作成に多くの科学者が参加しているが、筆者は第4次評価報告書第3作業部会のExpert Reviewersとして参加した。最近では、北海道大学の大崎満教授は第5次評価報告書の新たな分野として泥炭湿地に関する執筆に参加されている。

(2) IPCCによる森林吸収源に関する評価

森林による温室効果ガス（GHG）の吸収（除去とも称す）の事を森林吸収源またはシンク（sink）と称し[8]、植林や健全な森林の育成はGHGの吸収を増大させることとなるが、森林減少はGHGの排出となる。

森林によるGHG吸収、排出量の科学的分析や測定、評価方法の開発が必要となり、この役割を担ったのがIPCCである。

「IPCC吸収源特別報告書」（2000年）では地球規模のCO_2収支における森林による排出・吸収の推計値を示し、森林が地球温暖化に大きな影響を与えていることを明らかにしている。「IPCC第3次評価報告書」（2001年）では、森林分野の保護、吸収、代替の三つの方法を取ることによ

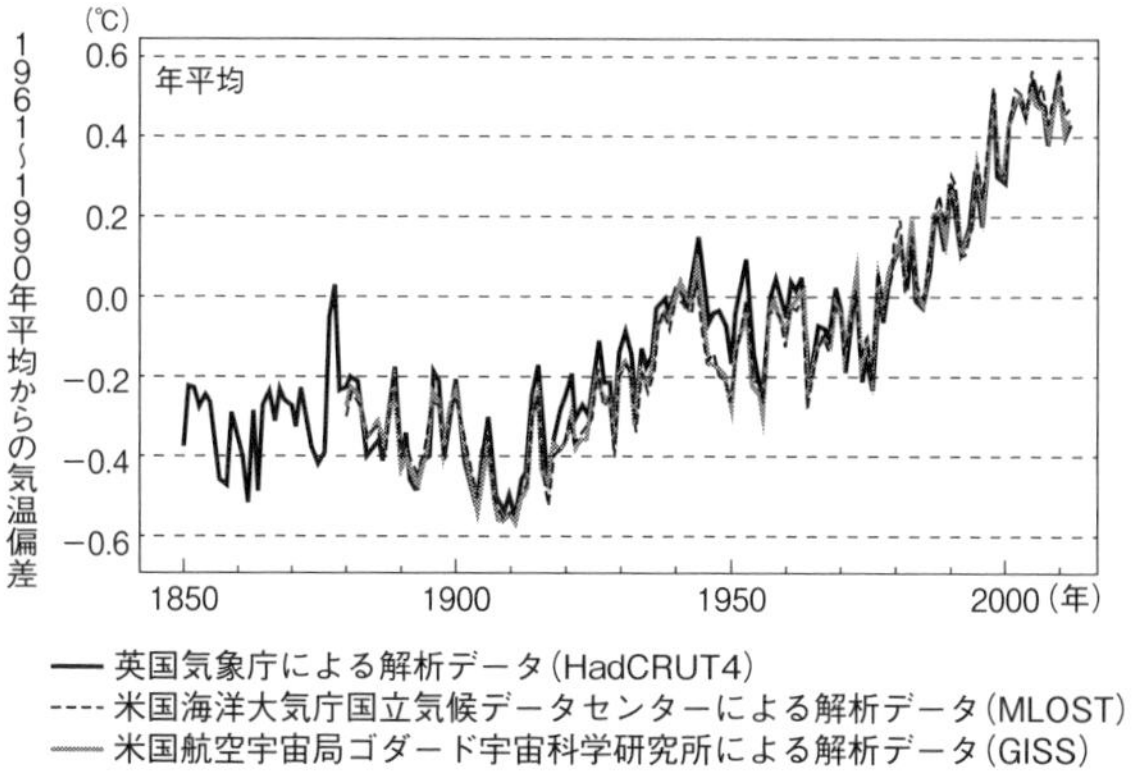

図1　観測された世界の平均地上気温(陸域＋海上)の偏差(1850〜2012年)

注：偏差の基準は1961〜1990年平均

資料：IPCC第5次評価報告書第1作業部会報告書より環境省作成

出典：環境白書 平成26年版4頁

りCO_2濃度の上昇を緩和できると、温暖化対策での森林の役割の重要性を示している。また、「IPCC第4次評価報告書」（2007年）では地球温暖化防止に対する森林の役割を高く評価し、「長期的に見れば、森林の炭素ストックを維持、もしくは増加させることを目指す持続可能な森林経営の戦略をとった場合に、森林は持続的な温暖化の緩和に最大の便宜をもたらす」と述べている（IPCC 2007a）。

また、「IPCC第4次評価報告書」では、2004年の人為的起源のGHG総排出量に占める森林分野からの排出量は17・4%と推計している（IPCC 2007b）。森林減少や劣化を抑えることは温室効果ガスの排出量の抑制につながり、温暖化防止に役立つことを示している。

森林分野からの排出量は熱帯林の土地利用変化による森林減少によるものとみられており、熱帯林の減少を抑制することによるGHGの排出削減を目指そうとする取り組みがここ数年で強くなり後述するREDDプラスとして具現化してきている（小林　2010）。

(3)　IPCC第5次評価報告書（AR5）第1作業部会報告書の要点

本報告書は2013年9月27日IPCC総会の承認を経てCOP19で承認された。第4次評価報告書（小林　2008：20〜29）の評価に比べより温暖化が進んでいると分析し、将来予測もより厳しい見方をしている。主な点は下記の通りである。

①気候システムの温暖化は疑う余地がない
②人間活動が温暖化の支配的（Dominant）な要因であった可能性が極めて高い（95％の確率）
③1880〜2012年で世界の平均気温は0・85℃上昇（観測事実）
④気温は現在（1986〜2012年）比、今世紀末には0・3〜4・8℃上昇する可能性が大きい
⑤世界平均海面水位は、1901年から2010年の間に0・19m上昇した
今世紀末に1986〜2005年比で、0・26〜0・82m上昇する可能性が高い
⑥CO_2の累積全排出量と平均気温の変化はおおむね線形関係（Linear）にある

累積排出量（Cumulative emission）の分析と評価はAR5での新しい重要な知見で、気温上昇の目標を2℃[9]とするには累積排出量を790GtCにおさえる必要があるとしている。[10]2011年までの総排出量は515GtCなので残余排出可能量は275GtCとなる。2011年の排出量が9・7GtCなので、2℃の上昇に抑えるには現状の排出量を続けると単純計算で30年後にはCO_2を排出

できないことになる（1Gtは10億トン）。

(4) IPCC第5次評価報告書（AR5）統合報告書の概要

第1作業部会（WGI）報告書に加えて第2作業部会、第3作業部会報告書の内容を分野横断的に取りまとめた統合報告書（Synthesis Report（SYR-AR5））が2014年11月に公表された。本報告書は政策決定者向け要約（SPM：SyR Summary for Policy maker）と統合報告書本体（SyR longer Report）から成っており、COP20の議論に科学的根拠を与える重要な資料として大きな影響を与えた。

SPMの構成は次のとおりである（環境省ら2014・11）

SPM1　観測された変化およびその要因
SPM2　将来の気候変動、および影響

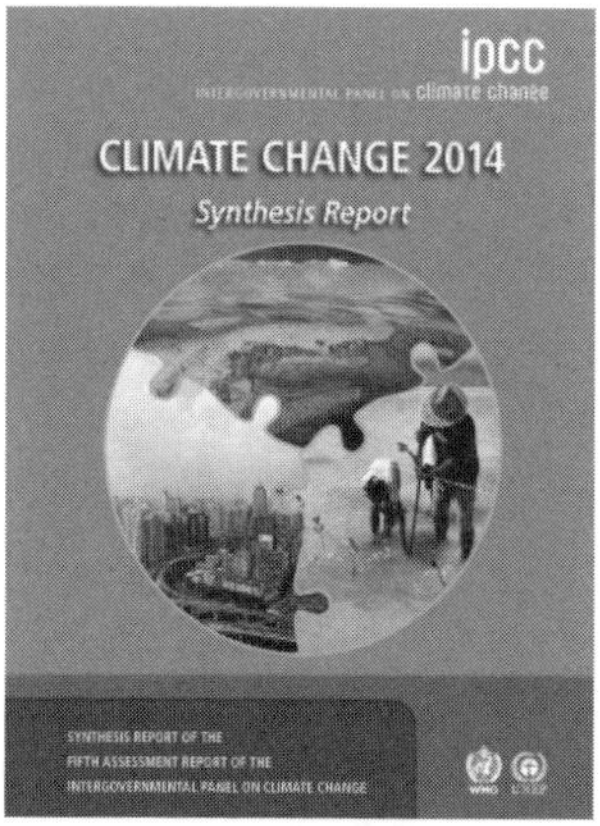

図2　IPCC AR5統合報告書

SPM3　適応、緩和、持続可能な開発に向けた将来経路
SPM4　適応および緩和

SPMの特に重要と思われる点は前項のWGI報告書の要点に示した以外では次の諸点である。[1]

①極端現象（SPM1・4）

1950年以降、多くの極端な気象および気候現象の変化が観測されてきた。これらの変化の中には人為的影響と関連づけられるものもあり、極端な低温の減少、極端な高温の増加、極端に高い潮位の増加、および多くの地域における強い降水現象の回数増加といった変化が含まれる。

②2100年以降の気候変動、不可逆性、および急激な変化(SPM2・4)

GHGの人為的排出をとめても、気候変動に関連する影響は何世紀も続くであろう。急激あるいは不可逆的リスクは温暖化の程度が大きくなるにつれて増大する。

③緩和および適応によって低減される気候変動リスク(SPM3・2)

現行を上回る追加的な緩和努力(削減策)が取られなければ今世紀末までの温暖化は深刻で広範にわたる不可逆的な世界規模の影響をもたらすリスクが高いレベルから非常に高いレベルに達するだろう(高い確信度)。

④緩和経路の特徴(削減策の特徴)(SPM3・4)

気温の上昇を工業化以前と比べた温暖化を2℃未満に抑制する可能性の高い削減の道筋は複数ある。今後数十年間にわたり大幅に排出を削減し[12]、21世紀末までに排出をほぼゼロにすることを要すであろう。

⑤緩和のための対応の選択肢(削減策)(SPM4・3)

すべての主要分野で、削減策は存在する。費用対効果の高い削減策は、エネルギーの消費削減や効率改善、エネルギー供給の脱炭素化、森林などの吸収源の強化などを組合せた統合的取り組みによる(朝日新聞2014・11・3)。

4　わが国の地球温暖化対策の法整備と政策

(1) 地球温暖化対策の推進に関する法律(温対法)

わが国の地球温暖化政策は、前述のように枠組法としての温対法のもとで、エネルギーの使用の合理化に関する法律など、いくつかの個別法とともに推進されている。温対法は前述のように議定書の採択を受けて1998年10月に成立し、わが国の議定書の批准に伴い、2002年に完全施行された(同法附則1条)。同法は国、地方公共団体、事業者、国民が取り組みを行なう責務を定め(同法3条から6条)、政府が地球温暖化対策の基本方針を定めるとともに、各主体の温室効果ガス排出抑制に関する措置を計画的に進めるための枠組を定めている。また、前述の目達計画についても定めている(同法8条)。

温対法は議定書が2005年2月に発効したことやわが国の温室効果ガスの排出量が増加していることから、温暖化対策の一層の強化を図るため2005年4月に3度目の改正がなされた。

同法の改正には政府が、自らの事務および事業に関する政府実行計画を策定することが定められたが(第20条の2)、改正の重要点は国内対策の中心となる温室効果ガス排出量の算定・報告・公表制度の導入である。同制度は、事業活動に伴い相当程度多い温室効果ガスを排出する者(特定排出者)に毎年排出量の算定、国への報告を義務付けるとともに、国は報告された情報を集計し公表する制度である。この「算定・報告・公表制度」の主旨は事業者の排出抑制への自主的取り組みの基本として自己の排出量の算定・把握を位置づけている。事業者に算定量に基づき排出量抑制対策を自ら立案、実施し、対策の効果をチェックさせることにより排出抑制の効果をあげることを目指している。

さらに、算定された排出量を国は集計し、公表することにより、国民・事業者全般の自主取り組みのインセンティブ・気運の向上が図られることを期待している（小林２００９：48、49）。環境政策の手法としては、自主的手法に情報的手法を組み合わせた手法を導入したことになる。

２００８年5月に4度目の改正がされた。一部の修正にとどまったが、重要な点はコンビニエンスストアを排出削減強化のために「算定・報告・公表制度」の対象としたことである。コンビニエンスストア事業者（同法では連鎖化事業と称す）はすべての加盟店の排出量をまとめて算定し、自社の排出削減に努力したコンビニエンスストアを消費者が選択すればこの制度が生かされることになるが、消費者の温暖化防止に対する意識が問われることになる。

２０１３年5月に前述のように5度目の改正がされた。

(2) 新・京都議定書目標達成計画（新目達計画）

２００８年に議定書が第1約束期間に入ったことに伴い、政府は２００８年3月28日に新目達計画を閣議決定した。

新目達計画は「環境と経済の両立」を基本的な考え方として、低炭素社会づくりを推進することとし、政策の実施にあたっては、自主的手法、規制的手法、経済的手法、情報的手法など多様な政策手段を活用するが、経済的手法によるインセンティブ付与型政策を重視するとしている。

新目達計画は温室効果ガス6％削減目標に向けて、基準年（1990年）に比較しての2010年における排出抑制・吸収量の目標値を設定している。目標値の大枠は温室効果ガス排出抑制で基準年比マイナス1・8からマイナス0・8％、森林吸収源でマイナス3・8％、京都メカニズムでマイナス1・6％、合計マイナス7・2％からマイナス6・2％と幅を持たせ、対策の最小効果の場合でもマイナス6％の削減目標は達成可能な計画を策定していた（小林2009：48、49）。

なお、新目達計画は前述のように現在は地球温暖化対策計画に変更されている。

5　COP20（2014年12月、リマ）の概要

気候変動枠組条約第20回締約国会議（COP20）、京都議定書第10回締約国会合（CMP10）が2014年12月1日から14日までペルー・リマで開催された。

(1) 合意事項の概要

COP20は2020年以降の枠組み（以下、新枠組み）をCOP21（2015年12月、パリ）で決定するための必要事項を議論する重要な会議と位置づけられていた。2013年COP19のワルシャワ合意等で決定されているCOP21に十分先立って事務局に提出する約束草案[13]の提出時期、内容について決定された。主な合意事項の概要は次のとおりである（日本政府代表団2014・12・14）。

①約束草案を準備できる国は2015年3月までに国連に提出すること。温室効果ガスの削減目標や達成時期、基準年（参照値）、算出の根拠（対象範囲、カバー率）等の内容とすること。目標の内容

は現在の取り組みよりも進んだものにすること。

②約束草案の目標には温暖化の報告を抑える適応策を盛りこんでもよい。[14]

③事務局は各国の約束草案（目標）を集計し、効果についての統合報告書を作成する。

(2) 新枠組みに向けての課題

COP21の合意形成に向けて様々な課題が横たわっているが主な点は次のとおりである。

①各国の削減目標の2℃抑制目標達成への効果

京都議定書は先進国のみに削減義務を課していたが、新枠組みは途上国を含むすべての国の削減目標への参加を大前提としている。すべての国の参加を促すために各国は自主的に目標を策定することになっている。温暖化防止に国際社会が一致して取り組むとの大義名分は良いとしても、「産業革命後の気温上昇を2℃未満」（2℃目標）とする国際目標の達成は難しいと見られている。[15]

IPCC AR5 WGIが指摘した2℃未満抑制を達成するための残余排出可能量275GtC（前出(3)・⑥）と各国の削減、目標値を検証し、2℃目標達成のためのさらなる削減を各国に求めることが必要と考えられる。

2℃目標達成困難の懸念を一層強くしたのが、各国の目標を事前に相互に検証する事前検証制度が中国等の強い反対で見送られたことである。各国の目標が妥当か否か検証し、必要があれば目標の引き上げを促す仕組みがないと前記の目標達成は極めて難しくなる。「目標を検証して削減・水準を引き上げる、しっかりしたプロセスを確立させることが来年の合意の重要な役割だ」（高村ゆかり

2014・12・18)との指摘は的を射ていると思われる。

②先進国の途上国に対する支援

気候変動枠組条約の3条1項に前述のように共通だが差異のある責任(先進国責任論)が示されている。京都議定書では途上国は温暖化対策の支援を受けることが当然となっていた。COP20の合意でも前述の(1)・②で述べた適応策に途上国は支援金額を含めた目標を示すべきことと主張したが、先進国の主張で前出の(1)・②のような表現におちついた。COP21の最終段階まで先進国の途上国に対する適応策、緩和策への資金支援の問題は大きな対立点となることが予想される。従来の先進国と途上国の単純な対立軸の時代は終ったと見る意見も多いが、資金支援をめぐる利害の対立は容易には解消しないと考えられる。

6　まとめ

本講は地球温暖化問題に対する取り組みに関して国際的な側面から、気候変動枠組条約、京都議定書、IPCCの約20年にわたる歴史的経緯およびそれらの概要や日本の取り組みを温対法や新目達計画の経緯、現状から概観した。

1992年、地球サミットで気候変動枠組条約が採択された頃と現在では世界情勢はこの20年間で大きく変化している。1992年当時、中国、インド等新興経済国と言われる5カ国が現在ほど巨大な経済力を持ち、大量のCO_2を排出するとは世界の人々は想定していなかったと思われる。気候変動枠組条約はその前提で条文がまとめられたと考えられる。特に同条約3条1項の原則に示された、「衡平の原則のもとでの差異のある責任」は、途上国が削減義務を回避する論拠となっている。今後とも主要排出国となった新興経済国の国々は先進国と同じ義務を負うことに抵抗感が強いと考えられる。

すべての国が参加する２０２０年以降の新枠組みの発効に向け、２０１５年のＣＯＰ21（パリ）で合意することがＣＯＰ19、20で確認されている。最大の焦点は途上国を含むすべての国がどのような方法でＧＨＧ排出削減目標を定めてその達成に責任を負うかを法的拘束力を持った合意文書（議定書等）にまとめられるかである。そこで、交渉の足かせとなるのが上記の3条1項の原則だと思われる。

新枠組みは京都議定書の反省から、すべての国が参加できるように、削減義務化を避け、緩やかな形での合意を目指している。環境政策の手法で言えば、京都議定書は先進国に対して規制的手法を、新枠組みはすべての国の参加を前提に自主的手法を採用したと言える。これらの手法は地球環境条約で限界のあることを示しており、新枠組みでは経済的手法等を組み合わせた総合的手法のさらなる手法の導入が必要と考えられる。

注

［1］Intergovernmental Panel on Climate Change（IPCC）は国連環境計画（ＵＮＥＰ）と世界気象機関（ＷＭＯ）との共管により設立され、世界中から科学者を集め、３つの作業部会で気候変動に関する科学的知見の評価、適応能力、「脆弱性」の評価、適応策・緩和策の策定等を責務としている。わが国からも様々な分野の科学者

が参加している。

[2]「気候変動に関する国際連合枠組条約」(United Nations Framework Convention on Climate Change：UNFCCC)

[3]「気候変動に関する国際連合枠組条約京都議定書」(Kyoto Protocol to the United Nations Framework Convention on Climate Change：KP)

[4]ＵＮＦＣＣＣ第３回締約国会議(Conference of Parties：COP)

[5]３・８％を暫定値としているのは、原子力発電所による発電をゼロとしているもので、原発政策、新エネルギー基本計画策定後に削減目標値を見直すとしている。

[6]第３条の原則は第４講に述べたリオ宣言の諸原則を反映している。

[7]京都議定書第１約束期間の排出削減義務を負っている附属書Ｉ国の排出量の全世界に占める割合は２０１０年時点で25％であった。

[8]ＩＰＣＣ第４次評価報告書では〝シンクとは大気中からＧＨＧを除去する作用としての仕組みや活動のこと〟と定義している。

[9]１８６１～１８８０年に比べて

[10]IPCC, CLIMATE CHANGE 2013 The Physical Science Basis Summary for Policy makers WGI, P25, 26. IPCC website www.ipcc.ch/ またはIPCC WGI AR5 website www.climatechange2013.org より入手可能。

[11]環境省ら(２０１４・11)を引用、および朝日新聞２０１４・11・３朝刊３面の記事を参考にした。英文原典はhttp://www.ipcc.ch/pdf/assessment-report/ar5/syr/SYR_AR5_SPMcorr2.pdf を参照のこと。

[12]削減幅を40～70％としている(朝日新聞２０１４・11・３)。

[13]Intended Nationally Determined Contributions：INDC.

[14]途上国は先進国に温暖化防止対策、被害の軽減対策に対する資金援助を強く求めており、妥協の産物で

この文言が入った。

［15］すべての国の参加と野心的な削減目標の両立の困難性から「『参加』と『野心』のジレンマ」と称されている（環境省、大井通博室長「ＣＯＰ20報告シンポジウム」資料集、29頁、２０１５・２・３、ＧＩＳＰＲＩ／ＩＧＥＳ共催）。

文献

朝日新聞（２０１４・11・３）朝刊３面。

環境省ら（２０１４・11）報道発表資料平成26年11月２日「気候変動に関する政府間パネル（ＩＰＣＣ）第５次評価報告書統合報告書の公表について」。

小林紀之（２００８）『温暖化と森林 地球益を守る』、日本林業調査会。

小林紀之（２００９）「地球温暖化の政策・法体系と排出量取引制度・カーボン・オフセット」、日本大学法科大学院『法務研究』第５号、45、46頁。

小林紀之（２０１０）「吸収源をめぐるＲＥＤＤプラスの動向」、『環境法研究』37号、29、30頁、有斐閣。

高村ゆかり（２０１４・12・18）朝日新聞。

日本政府代表団（２０１４・12・14）国連気候変動枠組条約第20回締約国会議等の概要と評価（http://www.env.jp/press/files/jp/25615.pdf、環境省報道発表資料）。

IPCC(2007a) *Climate Change 2007: Mitigation of Climate Change*. Summary for Policymakers. A report of Working Group III of IPCC. p.69.

IPCC(2007b) *The AR4 Synthesis Report*. Summary for Policymakers, IPCC. 2007, p.14.

第14講　地域における地球温暖化の取り組み

地球温暖化対策の効果をあげるには政府の取り組みと共に地域でのきめ細かい取り組みが必要と考えられる。

地球温暖化対策推進法（以下温対法）では地方公共団体の責務（4条）や実行計画の策定（20条、20条の3）等が定められている。具体的な取り組みとしては内閣府は低炭素なまちづくりを目指して、環境モデル都市や環境未来都市の指定をし、地方公共団体の温暖化対策の後押しをしている。また、多くの市町村では再生可能エネルギー導入も推進されている。本講ではこれらの最近の動向につき下川町、桐生市等の事例を含めて述べたい。

1　地方公共団体の取り組み（長野県、高知県、新潟県等の事例）

（1）温対法での地方公共団体の役割

①地方公共団体の責務

地方公共団体は、その区域の自然的社会的条件に応じた温室効果ガス排出の抑制のための施策を推進することをその責務として定めている（4条1項）。さらに、自らの事務、事業で取り組むと共に事業者、住民の活動の促進を図るための情報提供、その他の措置を講ずることに努めると定めている（4条2項）。

②地方公共団体実行計画

温対法20条2項で地方公共団体は政府の定める温対計画を勘案し、その地域の自然的社会的条件に応じて温室効果ガス排出抑制等の統合的、計画的施策を策定、実施するよう努めると定められている。

2008年改正で、地方公共団体実行計画（以下、実行計画）が充実された（20条の3関係）。都道府県、政令指定都市、中核市及び特例市については、自らの事務及び事業のみならず、さらに地域の計画を策定することが規定された。20条の3、3項1から4に再生可能エネルギー利用促進等、策定すべき4つの法定事項が定められている。都道府県、政令指定都市、中核市、特例市では92％が策定しており、それ以外の市町村では12％が策定している（2013年10月現在）。

実行計画は地域の自然的社会的条件に応じて策定することになっており、特色のある計画を策定していると考えられるが、森林の多い長野県、高知県、新潟県の事例を概観したい[1]。

i　長野県実行計画の概要　長野県は、2002年から長野県温暖化防止県民計画（以下、県民計画）を策定していた。2011年3月の福島第一原発事故によりエネルギー情勢が大きく変化したことから、温暖化政策と環境エネルギー政策を統合するために第三次県民計画として「長野県環境エネルギー戦略～第三次長野県地球温暖化防止県民計画へ」を2013年から2020年を対象に策定している[2]。排出削減目標を1990年比2020年10％、2030年30％、2050年50％と設定している。政策基本目標として「持続可能で低炭素な環境エネルギー地域社会をつくる」ことを目指しており、具体的には「エネルギー自立地域」の拡大を推進している。地域の資源を活用する木質系バイオマス、太陽光、小水力による発電を推進し、エネルギー自給率を2030年約20％、2050年約35％を目指すとしている。地域の取り組みとしては、飯田市の太陽光発電の推進や「飯田市再生可能エネルギーによる持続可能な地域づくりに関する条例」は「地域環境権」を謳う先駆的な事例である。長野県の本計画は中央政府の「温対計画」を先取りした計画として参考すべきと考えられる。

ii　高知県実行計画の概要　高知県は2011年3月に「高知県地域温暖化対策実行計画」を策定し、1990年比2020年に31％削減を目標としている。31％削減は267万CO_2トンの削減量に相当し、この内141万CO_2トンは森林による吸収量を増やすことで賄うとしている。森林県である高知県の特徴を活かした計画と言える。なお、この計画は2011年から2015年までを対象としており、２０１５年からの新実行計画で削減目標は見直す予定とされているが、策定作業は政府の温対計画策定を見ながら進めると思われる。

高知県では２０１１年３月に「高知県新エネルギービジョン」を策定し、新エネルギー推進課を設置し、地域の資源を活かした木質バイオマス等を活かした再生可能エネルギーの導入を積極的に推進している。森林吸収源対策として森林整備の民間企業の資金的支援による取り組みや、森林吸収量のクレジット化等積極的に取り組んでいる。[3] 長野県、新潟県や下川町でも同様の取り組みを推進している。

ⅲ 新潟県実行計画の概要

新潟県は２００９年３月に、「新潟県地球温暖化対策地域推進計画」を策定し、２００８年から２０１２年に１９９０年比平均６％削減を目標としている。民生、家庭、業務、運輸部門の排出量が全体の45％を占め大幅に増えているのでこの分野の排出削減を強調している。

家庭・業務・運用部門で年間１００万CO_2トンの削減を目標に13のリーディングプロジェクトを重点的に進め１００万CO_2トンの内、11万CO_2トンを削減するとしている。そのひとつに新潟県カーボン・オフセット制度の普及をあげ、新潟県Ｊ－ＶＥＲ制度やＪ－クレジット制度（第16講参照）で積極的に取り組んでいる。森林吸収源対策として森林整備、県産材の利用促進等で96万CO_2トンの吸収量増大を目標としている。この実行計画は２０１３年３月までで、国の温対計画改訂の動きを踏まえて改訂することとしており、２０１４年11月時点では更新されていない。しかしながら、温室効果ガスの排出削減目標については、県の最上位行政計画である「夢おこし」政策プランの政策目標として「平成25年から平成28年度の平均を基準年比（1990年比）6％削減」と設定されている。この目標達成に向けて取り組みが推進されており、13のリーディングプロジェクトや新潟県J－クレジット制度等は引き続き積極的に推進されている。

③ 地方公共団体実行計画の課題

ここで3県の事例を分析したが、多くの都道府県は2020年や中・長期の削減目標、削減計画を含めた実行計画は策定できないのが実情と思われ、一部の自治体を除き地域の温暖化対策の空洞化をまねいていると思われる。次期計画が策定できない理由は政府の温対計画策定の先延ばし、電源構成や将来の排出係数[4]が未定なこと等が考えられる。

地域の取り組みの空洞化を回避する為にも政府の温対計画の早期策定が必要である（小林2015）。

④ 環境モデル都市、環境未来都市

国交省、環境省、経産省の三省は「都市の低炭素化の促進に関する法律案」を提出し、2012年8月に成立した。この法律に基づき低炭素なまちづくりの一層の普及のための取り組みを推進している。温室効果ガスの大幅削減など低炭素な社会実現に向け先駆的に取り組んでいる23都市を内閣府は2008年と2014年に環境モデル都市に指定している。都市では、横浜市、千代田区、京都市、神戸市等があるが、町でも下川町、ニセコ町、御嵩町、西粟倉村、梼原町、小国町が指定されている。

これらの7町はいずれもいわゆる中山間地域の森林資源を活用し、低炭素社会の実現を目指している地域である。

環境未来都市構想は、都市の低炭素化をベースに環境・超高齢化等などで解決する成功事例を創出することを目的としている。2012年に環境未来都市計画を11都市で定めている。11都市には気仙広域等、東日本大震災の被災地域6市町はじめ、下川町、柏市、横浜市、富山市、北九州市が選定されている。これら5市町の内、柏市を除き環境モデル都市にも選定されている(環境省2014)。

⑤ 地方公共団体による適応策の実施

2015年1月に地球温暖化対策推進法に温暖化の被害、悪影響と軽減するための適応策の実施を地方公共団体、事業者に義務づけることを盛り込む法改正の動きが出ている。

2 市町村の再生可能エネルギーの取り組み

市町村での再生可能エネルギーの取り組みが活発化している。自治体の取り組みに対する考え方や方針を知る上で参考となるアンケートの分析が2件ある。1件は一橋大学と朝日新聞が2014年5月から8月にかけてアンケートを実施したもので、もう1件は(独)科学技術振興機構(JST)の社会技術研究開発センター(RISTEX)のプロジェクトが2014年10月中旬に実施したものである。後者は電力会社が9月に固定価格買取り制度(FIT)[5]による電力の買取りを中断[6]した以降にアンケートを実施したもので、買取り中断後の自治体の反応を知るのにも参考になると見られている。また、

ＦＩＴ制度に対する農水省の見解も参考のために示しておきたい。

(1) 一橋大学と朝日新聞によるアンケート調査

一橋大学自然資源経済論プロジェクトと朝日新聞は合同で再生可能エネルギーに関するアンケート調査を全国１７４１市町村に対し実施し、78・３％の高い回答率を得ている。[7] アンケート結果は政府の今後の温暖化政策、温対計画策定に参考すべきと思われるので概略を述べたい。

再生可能エネルギー推進に意欲的な自治体の割合は7割以上で、都道府県より自然豊かな自治体ほど意欲が高い傾向にある。推進の理由は主に、温暖化対策、エネルギー地産地消や地域活性化があげられている。地域の自衛的対応としてエネルギーのリスク対応も理由として考えられ、後述の下川町では豪雪時の孤立化に備えてエネルギー自給は町民生活の安心・安全へのリスク対応として重要だと考えられている。課題としては資金調達、技術の不足、送電網への接続、ＦＩＴの将来見通し等があげられているが、いずれも政府の政策的後押しが必要な分野である。このアンケート結果から再生可能エネルギー導入と地域振興を両立させる「地域からのエネルギー転換」を実現させる必要があるとしている。[8]

(2) ＪＳＴ／ＲＩＳＴＥＸ「創発的地域づくりによる脱温暖化プロジェクト」によるアンケート調査

再生可能エネルギー導入に関する自治体意向調査として、全国１６００以上の自治体に10月15日から順次アンケート調査票を送付し、10月末時点で４００以上の回答を回収し、暫定集計結果を発表している。[9] 前記の電力会社の買取り中断(「回答保留」)をふまえたＦＩＴに対する自治体の意見を聴取したことが特徴となっているが、アンケート結果の要点の一部は次の通りである。

地域に貢献する再生可能エネルギーの電力を優先するなどＦＩＴを早急に改善すべきとの回答が60％以上になっている。買取り価格設定については、地域の雇用や経済循環につながることが明確な事業を優遇すべきとの回答が40％近くあった。

再生可能エネルギー推進に自治体が必要としているサポートとしては情報提供サービスが90％近くを占めており、ＦＩＴ含め自治体で情報が不足していることが裏付けられている。一方、再生可能エネルギーの利用可能量について把握していない、あまり把握してない自治体が65％に達し、再生可能エネルギーへの関心は高いものの、可能性調査など進んでいないことが窺える。再生可能エネルギーの施設・設備設置状況を独自で把握している自治体は20％弱に過ぎず、発電事業者等が地元自治体抜きで事業を進めていることが分かり、ＦＩＴ事業についても申請者の情報が地元自治体に伝わってないと推察される。地域活性化につながる再生可能エネルギーの施設・設備としては住宅太陽光発電が51％、地元資本のメガソーラー39％、木質バイオマス熱利用38％、木質バイオマス発電37％であった。木質バイオマス関連が75％を占め地域活性化貢献への評価が高い。推進にあたっての問題は事業性の見極め困難(43％)、人材不足(35％)等があがっている。

このプロジェクトでは再生可能エネルギー取り組みの自治体への支援を目指しているが、約２００の自治体が何らかの形で支援を希望するとの回答があった。この結果から、多くの自治体は再生可能エネルギーの取り組みに支援を必要としていることが分かる。

(3) 農林水産省のＦＩＴ制度への意見

農水省の再生可能エネルギーの考え方の一端を知る上で参考になるので「農山漁村活性化の観点からみた固定価格買取制度への意見」（２０１４・11・５農水省）（総合資源エネルギー調査会２０１４）の要点を次に紹介しておきたい。

①再生可能エネルギー特措法（注５参照）

本法は再生可能エネルギーによる地域の活性化を目的としている。農山漁村に豊富に存在するバイオマス、水、土地などの豊富な資源を、地域主導で再生可能エネルギーに活用することで、農山漁村に新たな価値を創出し、地域内経済の循環を図り、農林漁業の発展につなげ、地域の活性化を図ることが重要としている。

②農山漁村再生可能エネルギー法

本法は２０１３年に成立し（２０１４年５月１日施行）、再生可能エネルギーの推進を図ることを目的としている。本法に基づき、市町村が関係者と協議を行い、再生可能エネルギー導入計画を作成し、農林地等の利用調整を適切に行い、農林漁業の健全な発展への枠組を構築するとしている。

③バイオマス発電等の重要性と支援の必要性

小水力やバイオマス発電は安定電源で電力系統の最大限の活用につながるが、設置までの期間が長い等から、[10]優先的な系統への接続ルール等の検討が必要としている。再生可能エネルギー特措法等でのバイオマス発電の優先給電について明確に位置づけることを提言している。

とりわけ、木質バイオマス発電は、雇用創出や未利用材利用による森林整備促進等地域活性化効果の大きいこと、資源の最大限活用のためにも特に、小規模バイオマス発電推進の必要性を強調し、FITでの調達価格の別区分化を提案している。技術開発等の推進も図るとしている。

④地域で集材可能な木質バイオマス発電の推進

木質バイオマス原材料集材の競合が課題として浮上している。FITでは5000KW以上の発電施設がモデルとして有利になっているが、5000KW級発電施設の場合、集材範囲は半径50kmが必要で、2000KW級の場合は30kmで賄えるとされている。このことから燃料となる木材の安定的、効率的供給の面から小中規模発電施設の推進が必要としている。

木質バイオマス発電事業での大規模事業者に寡占化をさけ、農山村に立地する市町村による発電事業参入の機会を与える面でも中小規模発電施設の推進は重要な点である。[11]

⑤FIT制度に対する農水省の意見

地域の創意・工夫を活かすことができるFIT制度とし、再生可能エネルギーを地域活性化につなげ、国民がその恩恵を実感できるようにすることが重要としている。そして、再生可能エネルギーを農村漁村活性化の切り札として積極的に推進したいとしている。

(4) 市町村の再生可能エネルギー推進への政策支援

以上が農水省の再生可能エネルギーやFIT制度に対する考え方の概要であるが、農水省として経産省や電力会社に木質バイオマスエネルギーが本来の電力や熱の供給のみならず資源の有効利用や地域活性化に貢献できることをアピールしていくことが必要と考えられる。当然のことながら、市町村や中小発電事業者に対し、長期的視野での有効な政策支援をしていくことが重要である。

具体策として、２０００ＫＷ級以下の小規模発電への優遇措置を含め、〝地に足のついた〟木質バイオマス発電を可能にするＦＩＴに見直していくことが必要である（日本林業調査会２０１４）。

地域循環型の熱電供給プラントへの技術的、資金的な積極的支援やＦＩＴ制度での中小規模木質バイオマス発電の優遇等が当面の重要な政策と考えられる。

次に市町村等での具体的な取り組みにつき述べたい。

3　下川町の低炭素社会に向けての取り組み

(1)　立地、自然条件

下川町を分かりやすく表現した優れた文章があるので紹介したい（下川町２０１４）。

周囲をなだらかな山々に囲まれ、
わずかな平野に畑と街並みがある。
そんなどこにでもある田舎の風景です。

写真1　下川町中心部と山々（下川町提供）

鉄道は通っていません。
最寄りの駅は隣の市にあり、車で20分ほど。
高速道路もありません。
最寄りのインターチェンジまで車で45分ほどかかります。
冬は当然、日中でも0℃を超えることはほとんどなく、
寒いときはマイナス30℃にも。
雪はとても多く、
一日で1mほど積もることも珍しくありません。

この文章のあとに、「ここまで聞くと大半の人々が『よく暮らせますね』と言うことでしょう。人口3500人が暮らす下川町の魅力はいったいどこにあるでしょうか」と書かれている。

下川町は北海道の北部の内陸にあり、旭川空港から北に向かい車で約2時間、JRを利用すると名寄駅から東へ約20分で到達する。札幌からも東京からも遠隔地であるが、今や低炭素社会に向けての取り組みで全国の中心的な町で、視察者も多い[12]。

下川町の面積は約6万ヘクタール（東西20km、南北30km）、東京23区とほぼ同じで、88%を森林が占め、農地は6%である。森林と農地、牧草地の織りなす風景は、開拓の歴史の中で町の先陣たちが築いた景

観美を創っている。

冬は厳しく、日本有数の寒冷地、多雪地であるが、レジェンド葛西紀明選手はじめオリンピックジャンプのメダリストを輩出するエネルギーと国際性が町の人々にはある。

平成の大合併でも周辺市町村との合併に加わらず、「単独のまち」を選択し地域自律を目指してきた。

この立地条件と自然環境抜きにしては、下川町の低炭素社会に向けての取り組みは語れない。

(2) 森林未来都市

下川町は人口3519人、高齢化率38％（2014・11・1現在）と多くの農山村と同じく過疎化に苦労してきた町である。森林資源を活用し、豊かな収入と木質バイオマスエネルギーによるエネルギー自給を目指し、雇用を増やし、人口増加に転じようとしている。[13]

下川町では、森林総合産業の創造[14]、エネルギー完全自給、少子高齢化社会への対応を柱として、環境と共生しつつ持続的に発展する「森林未来都市」をめざし、将来に向けた地域づくりを発展してきている（下川町 2014：11）。

(3) 環境モデル都市、環境未来都市

下川町は地球温暖化防止、低炭素社会を目指す取り組みを町の経済発展と人々の豊かさに結びつけ下川町の新たな魅力にしようとしている。

環境モデル都市（2008年）、環境未来都市（2011年）に指定され、地域活性化モデルケースに

写真２　一の橋バイオビレッジ（下川町提供）

も選定（２０１４年）されている。これ等のもとで政府の経済的支援を受けながら具体的な施策を実施し、２０２０年から２０３０年のＣＯ$_2$排出量削減を32％目標にして、木質バイオマスによる再生可能エネルギーへの転換と森林整備の推進による吸収量増大で目標達成を目指している。現在、化石燃料と電気代で約12億円が町外に流出しているが、10年後には限りなくゼロにし、エネルギーの地産地消で地域の経済発展を目指している。エネルギー自立型の地域づくりと言える。

　低炭素社会に向けての大きな取り組みは森林バイオマスエネルギー（熱）利用による地域づくりである。２００４年に町内の五味温泉にバイオマスボイラーを導入したことに始まり、現在では８カ所（１カ所工事中）に設置され、公共施設の60％を再生可能エネルギーに転換している。[15] 再生可能エネルギー導入による経済効果は燃料代削減効果として２０１４年度で約１６００万円が見込まれている。削減効果はボイラーの更新費用積立てと子育て支援の充実に１／２ずつ配分されることになっている。まさに、温暖化防止、経済発展、福祉のトリプルベネフィットの実現と言える。

(4) 一の橋バイオマスビレッジ構想とその実現

限界集落問題は日本の農山漁村の大きな課題であるが、下川町の一の橋地区は市街地から10㎞離れ孤立した人口140人の典型的な限界集落であった。2010年から新たな地域づくりを目指し、住民の意向調査等をはじめ、2011年から環境未来都市の取り組みの一環として「一の橋バイオビレッジ」構想として本格的検討に入った。2013年5月に第1期工事として、地域熱供給システムによる下川産木材をふんだんに使った集住化住宅(22戸)と住民センター(郵便局、警察官立寄所、住民共有スペース)が完成した。エリアエネルギーのマネジメントの発想で、木質バイオマス活用による550KWチップボイラー2基を設置し、暖房、給湯を100%全戸に供給している。バイオマスビレッジ設備の運営管理は地域おこし協力隊による定住者が担っている。

一の橋バイオビレッジではすでにバイオマスボイラーを備えた町営しいたけ工場が完成している。また、王子製紙(株)との連携による薬用植物の栽培試験研究を開始し、同社の3名の専任研究員が常駐している。

一の橋を訪ねるとほんの2年前まで限界集落であったのが想像できない程の新しい地域社会が創られているのに驚かされる。

(5) 炭素会計制度導入、自然資本価値評価制度検討

下川町ではすでに炭素会計制度を導入し、低炭素化社会に向けての取り組みを定量的に把握し評価している。

さらに、自然資本に着目し、町内に存在する自然資本を定量的に価値評価し、資金を自然資本に循環させ、永続的に管理・醸成するシステムの構築を目指して検討している。２０１３年12月に「下川町自然資本宣言」（資料14－1）を行い、自然資本を自治体の〝経営〟に取り入れていくことを宣言している（環境省２０１４：１４６）。

２０１４年度末には下川町の自然資本の定量的価値評価分析を終え、次に自然資本の増加余剰分の企業等への譲渡方法の検討に入る予定となっている。譲渡方法としては「自然資本クレジット」化等が想定される。企業等からのクレジット等による収入は自然資本管理の資金に充当されることが考えられる。

自然資本の価値評価に将来は景観利益（第7講2参照）も価値の評価項目に入れることが考えられる。

前述のように下川町の景観美は、開拓の歴史の中で営々と気づかれたもので守るべき対象と考えられ、守るべき景観利益が下川町の景観にはあると思われる。

ニセコ町の景観条例（第8講3、4参照）や飯田市再生可能エネルギー条例[16]などの例はあるが、下川町では一歩進めて「自然資本条例」制定の検討も自然資本の価値を法的に保全するのに有効な手法と考えられる。

4　桐生市での脱温暖化の取り組み

(1)　MAYUの走る街

桐生市は長い伝統のある織物の町である。この町に現代的でキュートな小さいバスMAYU（写真）が走っている。色違いで4台あるが、ピンクのMAYUは幸せの色として子供達に人気が高い。

MAYUは繭に由来する愛称で公募で選ばれた桐生らしい名前である。正式名称はeCOM8で8輪の10人乗り、低速電動コミュニティービークルである。現在、木・金曜日に市内中心部で、土・日曜日は中心部と動物園を周回するコースで運行されている。

写真3　ピンクのMAYU

(2)　JST／RISTEXによる〝地域力による脱温暖化と未来の街――桐生の構築〟

（独）科学技術振興機構（JST）、社会技術研究開発センター（RISTEX）は2008年から2013年にかけて「地域に根ざした脱温暖化・環境共同社会」研究開発領域を堀尾正靱領域統括のもとで推進してきた。「化石燃料づけの近代を創り直す」理念の元で17のプロジェクトを全国で展開してきた[17]。そのひとつが群馬大学大学院工学研究科、宝田恭之教授を研究代表者とする〝地域力による脱温暖化未来の街──桐生の構築〟プロジェクト（以下、宝田ＰＪ）である。ＭＡＹＵは宝田ＰＪによる開発されたもので、群馬大学大学院工学研究科（学）を中心にＮＰＯ法人北関東産学研究会（市民）、桐生商工会議所（産、協力）、桐生市（官、協力）の産官学、市民が参加して推進された。ＭＡＹＵの技術開発には地元を中心とする企業数十社が参加している（戦略提言シンポジウム２０１３）。

下川町の事例が行政中心に推進されているのに対し、桐生市の事例は大学が中心となり、行政、市民や地域企業、交通事業者、商店街、金融機関が参加し、地域ぐるみで推進されているのが特徴と考えられる。

宝田ＰＪを可能としたのは長年の群馬大学工学部と地元の強い結びつきである。群馬大学工学部の前身は桐生高等工業学校で、発祥以来90年の歴史を地元産業界と歩んできている。桐生の織物産業を技術的に支えてきた歴史を持っている。

桐生市は江戸時代から昭和にかけ織物で栄えた町で、隆盛時代の栄華は数々の歴史的建造物から偲ぶことが出来る。現在の人口は約12万人、いわゆる10万地方都市で、高齢化対策と商店街の活性化が課題となっている。

宝田ＰＪはこの課題の解決と脱温暖化社会の取り組みを目指している。４台のＭＡＹＵが（株）桐生再生が運行し、高齢者の方々の足として利用して商店街の活性化に結びつけようとしている。バス代は無料で、運行費は桐生市が負担している。MAYUはJST／RISTEX研究費で最初の1台が製作され、その後2012年に総務省地域経済循環創造事業の補助を受けて3台が導入された。1台は黒部市宇奈月温泉で導入されている。さらに、2014年にマレーシアから3台の受注を受けている。

これまでの実績は8台であるが、国内外への受注が広がることが期待されている(JST／RISTEX 2014)。桐生市での長期運行体制の確立や、MAYUの受注増による製造費コストダウンが今後の課題と考えられる。

(3) JST／RISTEX「創発的地域づくりによる脱温暖化」統合実装プロジェクト

宝田PJは2014年から2016年までのこの実装プロジェクトの中核的プロジェクトとして普及・実装に向けて推進されている。

「創発的地域づくりによる脱温暖化」プロジェクト(以下、統合実装PJ)は、前記(2)で述べた17プロジェクトの脱温暖化社会構築に関する成果(旧領域性か)を統合化し、継続的に社会に実装・普及できる「パッケージ」を構築し、具体的実装事業を通じて、旧領域成果の普及・実装の実現を目指している。普及・実装には(一社)創発的地域づくり・連携推進センター(略称ECO-RIC代表理事、堀口健治)と連携して活動を推進している。

統合実装PJは単なる技術導入ではなく、地域が抱える課題や障壁を解決する手法を示しながら地域活性化する脱温暖化社会の構築を進める試みである。

旧宝田ＰＪが蓄電型地域交通パッケージとして実装事業の中心となるが、旧領域白石ＰＪをベースとした自治体エンパワー型パッケージと永田ＰＪをベースとする消費者エンパワー型パッケージが加わり、創発的地域構築（統合）パッケージが形成されている。統合パッケージを情報プラットフォーム化、ネットワーク（社会的プラットフォーム）し、普及・実装を図ろうとしている。２０１６年度には最終的に全国30自治体への普及を目指している。

5　まとめ

環境問題の取り組みにはThink globally Act locallyが求められているが、地球温暖化防止には地域の取り組みが重要と考えられる。本講では県レベルの取り組みとして長野、高知、新潟各県の実行計画を、市町村での具体的な取り組み事例として下川町、桐生市の取り組みを取り上げた。再生可能エネルギーの地方自治体の取り組みの現状と課題を2件のアンケート調査から分析した。これ等の結果から自治体の再生可能エネルギーに対す関心は高いが、課題も多いことが分かった。

地域における地球温暖化対策の取り組みには次の諸点が重要と考えられる。

先ず第1に地域の自然的社会的特性や資源状況に応じて取り組むこと。

第2に、自治体主導で推進する場合は、自治体が自ら考え施策や事業を企画立案し実行することが重要で、これを可能にする人材が必要であるが、実は下川町は役場にもＮＰＯ等地域にも豊富で有用な人材が揃っている。この人材があって今日の下川町の取り組みが可能となっている。

第3に、産官学と市民の協働の取り組みが有効であるが、桐生市での群馬大学を中心とする取り組みはその典型で地域の社会的特性を活かした事例である。

第4に、再生可能エネルギーの中でも木質バイオマスエネルギープロジェクトは多くの農山村で持続的、安定的資源供給が可能で地域の自然的、社会的特性に適すると考えられる。木質バイオマスボイラーやペレット、薪、ストーブは2004年頃から岩手県葛巻町、岐阜県上石津町（当時）、兵庫県加美町、長野県伊那市等多くの市町村で導入されていた。現在でも熱供給プロジェクトは重要視すべきである。FIT制度の導入とともに木質バイオマス発電の電力供給源としての利用が活発化しているが再生可能エネルギー共通の問題に加え、木質バイオマス独自の課題がある。第1にボイラーや熱電供給プラント中、小型化の技術開発である。現在多くを輸入製品に依存しているが、国産化によるコストダウンと性能向上が喫緊の課題がある。第2に木質バイオマス資源の供給体制の課題である。事業計画の立案には発電規模と適正な集材範囲による資源供給可能量のマッチングが重要と考えられる。カスケード利用に基づく木材産業の廃材利用や林業からの林地残材等の持続的・安定的供給体制が必要である。下川町役場の春日隆本部長は「資源のあるところに産業あり」とよく言っておられるが、森林資源のあるところに森林総合産業を構築し、そのひとつに木質バイオマス産業を位置づけることが重要と考えられる。

注

[1] 長野県「長野県環境エネルギー戦略」2013・2発表、高知県「高知県地域温暖化対策実行計画」2011・3、新潟県「新潟地球温暖化対策地域推進計画」2009・3により分析した。新潟県の2013年以降の取り組みについては、新潟県民生活・環境部地球環境対策室による。

[2] 本計画は温対法20条3・3項及び「長野県地球温暖化対策条例」8条に基づき策定されている。

[3] 環境省、経産省、農水省により2013年4月に発足した「国内における地球温暖化対策のための排出削減吸収量認証制度」(J-クレジット制度)等の活用。

[4] 排出係数は電気使用量1キロワットアワー当たりのCO_2排出量から算出され、電源構成、各電気事業者により異なる。

[5] 固定価格買取制度(FIT)とは再生可能エネルギーにより発電された電気の買取価格(タリフ)を法令で定める制度で、主に再生可能エネルギーの普及を目的としている。発電事業者は電力会社などに一定価格で一定期間売電できる。2011年8月制定、2012年7月施行された「電気事業者による再生可能エネルギー電気の調達に関する特別措置法」(再生可能エネルギー特措法)による制度である。

[6] 電力会社が再生可能エネルギー事業者からの系統連系申込み(送電網への接続申込み)に対し、「回答保留」を発表したこと。

[7] http://www.asahi.com/tech_science/ 朝日新聞(2014・8・21)。

[8] 山下英俊、前掲注[7]。

［9］ＪＳＴ／ＲＩＳＴＥＸ・「創発的地域づくりによる脱温暖化」プロジェクト主催シンポジウム（２０１４・10・29）及び研修会（２０１４・11・13）資料。

［10］木質バイオマスの安定性（稼働率）は80%、計画から移動までの期間（リードタイム）約3～4年、太陽光の場合13%（自然変動）、約1年である（総合資源エネルギー調査会２０１４：５）。

［11］燃料用木質資源バイオマス資源量の供給能力からして全国で設置できる発電施設は５０００ＫＷ級の場合最大75カ所であるが、２０００ＫＷ級だと１７６カ所となる（２０１４・11下川町調べ）。

［12］国内外から年間視察者１２００人（下川町資料）。

［13］人口減少は鈍化傾向が続いているが、社会動態が変化してきており、２０１２年から転入が転出を上回っている。又、農林業、従業者は２００５年から微増している。森林組合従業員は64名であるが7割はＵ－Ｉターン者で、雇用待機者は20～30名である（下川町資料２０１４・11・10による）。

［14］第11講の下川町の林業システム革新の取り組み等参照。

［15］平成25年度の6施設での木質バイオマス使用量は約1万㎥、導入前の化石燃料使用量（基準）は79万リットルであった（下川町資料による）。

［16］「飯田市再生可能エネルギーによる持続可能な地域づくりに関する条例」が正式名で、この条例は「地域環境権」を謳う先進的事例である。

［17］http://www.ristex.jp/env/index.html

文　献

小林紀之（２０１５）「地球温暖化をめぐる取り組みの歴史、現状と将来展望」『法務研究12号』、日本大学大学院法務研究科。

環境省（2014）『環境白書平成26年版』。

JST／RISTEX（2014）「創発的地域づくりによる脱温暖化」、プロジェクト主催シンポジウム研修会。

総合資源エネルギー調査会（2014）「新エネルギー小委員会第6回資料」。

日本林業調査委会（2014）「林政ニュース第494号」。

下川町編著（2014）『エネルギー自立と地域創造』、中西出版。

戦略提言シンポジウム（2013）「地域が元気になる脱温暖化社会を」、（JST／RISTEX主催）。

第15講　地球温暖化と森林・木材

２０１４年11月27・28日「長野県の森林ＣＯ$_2$吸収源評価審査委員会[1]」が佐久で開催され、出席した。長野県「森林の里親促進事業[2]」に参加している案件のＣＯ$_2$吸収量を評価認証する制度の審査委員会で、この制度は平成20年から始まっている。２０１５年1月16日には山梨県の委員会にも出席した。また、２０１５年1月21日には「高知県オフセットクレジット認証運営委員会」に出席した。新潟県の同様の委員会も2月16日に出席した。これ等に類似する制度は全国の多くの自治体で推進されている。本講では森林が吸収するＣＯ$_2$や木材に固定されている炭素をどのように評価しているのかを、気候変動枠組条約、京都議定書の条文から分析し[3]、わが国の地球温暖化政策での森林吸収源の位置づけを論じたい。

1　気候変動枠組条約（枠組条約）での森林吸収源の位置づけ[4]

枠組条約の前文では「温室効果ガス（ＧＨＧ）の吸収源および貯蔵庫の陸上および海上の生態系における役割および重要性を認識し」と述べ、森林などの陸上の生態系のＧＨＧ吸収源、貯蔵庫としての役割を評価している。吸収源の定義は1条8項で、「温室効果ガス、エーロゾルまたは温室効果ガスの前駆物質を大気中から除去する作用、活動または仕組みをいう」と規定されている。樹木、森林によるCO_2吸収作用、CO_2吸収を増大させる活動、仕組みや木材によるCO_2固定作用はこの定義に合致している。

枠組条約4条の締約国の約束を規定する条文の1（ａ）項では各国は人為的排出および吸収源による除去の目録を条約事務局に提出することとなっている。また、1（ｂ）項は各国が気候変動を緩和する為の計画を提出することを定めているが、吸収源による除去も対象としている。さらに1（ｃ）項では技術開発、技術協力促進の分野に林業が含まれており、1（ｄ）項には森林の持続可能な管理の促進、吸収源貯蔵庫の保全・強化の促進、協力を各国の約束として定めている。これ等の条文から明らかなように枠組条約では吸収源によるCO_2除去（吸収）は発生源による排出と同等に位置づけられ、吸収源を重要視していることが条文からも理解できる（小林２０１２：１０８）。

表1　京都議定書　吸収源関連事項

京都議定書の条項	対象となる活動
第3条3項	新規植林（afforestation）、再植林、（reforestation）森林減少（deforestation）の3つの活動で1990年以降実施されたもの。
第3条4項	3条3項以外の追加的人為的活動（森林経営（forest management）、農地管理（cropland management）、放牧地管理（grazing management）、植生回復（revegetation）の4つの活動を対象）で、1990年以降実施されたもの。

注：この表には、マラケッシュ合意における決定事項も加味して表記した。
出典：『温暖化と森林──地球益を守る』（小林 2008）

2　京都議定書での森林吸収源、木材によるCO_2固定の位置づけ[5]

(1) 森林吸収源の位置づけ

京都議定書は森林がCO_2を吸収し、地球温暖化を防止する役割を評価し、温室効果ガス削減義務を負った先進諸国が削減目標を達成する際に、森林によるCO_2吸収量（森林吸収源）を繰り入れることを認めている（議定書3条、3項、4項、**表1**）。

京都議定書の3条3項では限定的な人為的活動（1990年以降の新規植林、再植林および森林減少）を対象としたGHGの吸収量を附属書I国（先進国）の削減目標に繰り入れることを認めている。さらに、3条4項では農業土壌、土地利用変化および林業分野におけるGHGの排出および除去の変化に関連する追加的人為的活動の検討をするとしている。また、政策および措置に関する2条（a）（ii）項では持続可能な森林経営の慣行、新規植林および再植林の促進を各国の事情に応じて実施することを定めている。

2001年第7回締約国会議（COP7）で採択されたマラケッシュ

合意で運営ルールの法文書が採択された（The Marrakesh Accords, Decision11/COP7 Annex）。マラケッシュ合意では定義や吸収量の算定などの運用ルールと共に、京都議定書3条4項の対象となる活動に森林経営、農地管理、牧草地管理、植生回復を含めることが決定された（**表1**）（小林 2012：108）。

なお、2013年以降の京都議定書の第2約束期間は参照レベル方式が採用されたが、ほぼ同様のルールを適用されることになっている。

(2) 木材によるCO₂固定の位置づけ

①木材中に貯留されている炭素量　木材は「二酸化炭素（CO_2）の缶詰」と称され、平均的に1㎥あたり225kgの炭素を貯蔵していると理解されている。標準的な木造住宅に使用される10・5㎝角、長さ3mのスギの柱材には約6kgの炭素が貯えられており、延床面積120㎡の2階建木造住宅の場合、約23㎥の木材を使用するので約5トンの炭素を貯蔵していることになる（農林水産省 1998：24）。全国の住宅に使用されている木材に1・4億炭素トンが貯蔵されていると推計されている（農林水産省 1998：24）。木造住宅は都市にもう一つの森林をつくることになると言われる所以である。

木材の中に含まれる炭素量は次の計算式で算出される。

材積（1㎥）×容積密度（0・45t／㎥）×炭素含有率（0・5）＝炭素量（0・225t）

容積密度とは材積に対する乾重量の比を示しており、材積に容積密度をかけると絶乾重量が求められる。容積密度は、わが国では0・45t／m³が使われ、IPCCの1996年ガイドラインでもディフォルト値として0・4t／m³を使用している。厳密に言うと容積密度は樹種により異なり、スギ0・30〜0・33t／m³、ヒノキ0・34t／m³、ミズナラ0・52〜0・55t／m³であるが、一般的には平均値として、針葉樹で0・37t／m³、広葉樹で0・49t／m³を用いればよいとされている。炭素含有率は元素組成から算出されるが、木材の元素組成はおおむね炭素50％なので一般的に0・50が使われている(小林2005：38、41)。

②京都議定書での伐採木材製品(HWP)の取扱い　IPCCや京都議定書では紙製品を含む木材製品のことを伐採木材製品(Harvested Wood Products：HWP)と称している。

京都議定書第1約束期間(2008〜2012年)の運用ルールでは、森林内にある炭素のみを把握することになっている。伐採された木材の中に貯蔵されている炭素については全く評価されず、伐採イコールCO_2の排出として計算(マイナス)することになっていた。この〝伐採即排出〟とみなす評価方式(アプローチ)のことをIPCCディフォルト法(IPCC Default Approach)と称している。しかし、この評価方式では、森林・木材の地球温暖化防止に関す役割が科学的に正しく評価されないために1990年代からIPCCディフォルト法の見直しに関する国際的議論が行われてきた。HWPをめぐる国際交渉の経緯や論点については拙著に詳細に論述しているので参照されたい(小林2008：204〜252、小林2005：37〜41)。

HWPの新しい取り扱いがやっと合意に達したのは2011年12月のCOP17／CMP7[6]のCMP

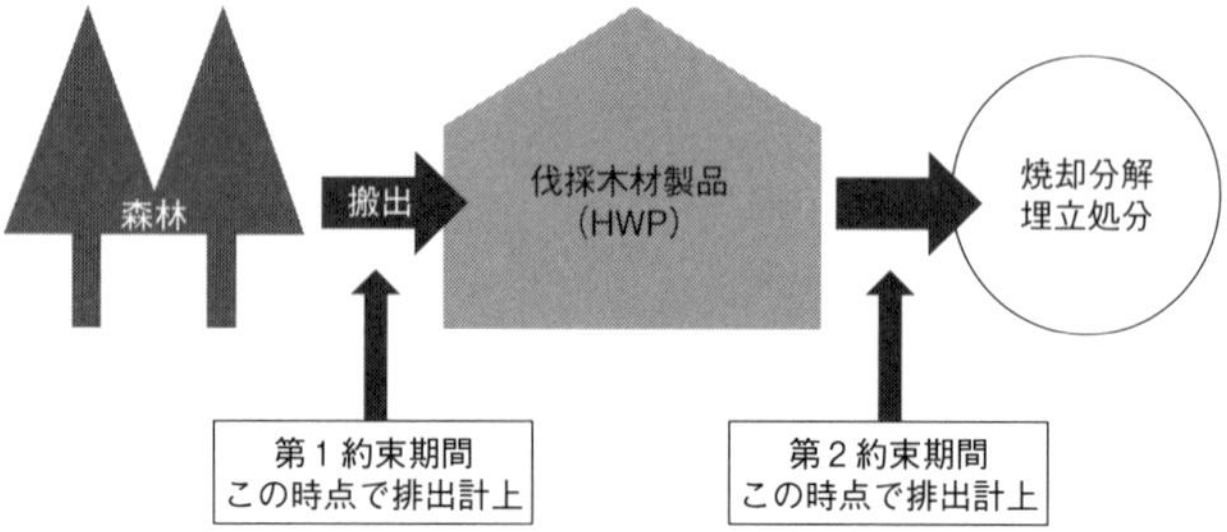

図1　京都議定書での伐採木材製品の取扱い

出典：注(14)9頁の図を改変

注記：森林は国内の森林に限定

7ダーバン合意による決定である。伐採木材製品（HWP）とは森林の外に運び出されたすべての木質資源のことで、2013年以降の京都議定書第2約束期間のHWP計上に関するルールが合意された。

CMP決定書「土地利用、土地利用変化および林業」の附属書Iパラグラフ16、26、27、28、29、30、31に第2約束期間のルールが規定されている（地球産業文化研究所／地球環境戦略研究機関2012：176、178）。要点は国内の森林から生産された伐採木材製品の炭素について、廃棄された時点で、排出量を計上できるルールに合意されたことである。計上方法を第1約束期間と対比し**図1**に示した。パラグラフ27は「森林から除去された伐採木材による排出はその締約国のみ算入することができる。輸入された木材製品は、その起源を問わず輸入締約国が算入してはならない」と規定している。この条文からすると輸出されたものも計上できると解される。勿論、輸出先国（輸入国）で廃棄された時点で輸出国で排出に計上することが必要であると考えられる。[7]

パラグラフ29では計上に関し、ディフォルト値の半減期を紙では2年、木質パネル25年、製材では30年とし推定し算定するとしている。

ＨＷＰは森林吸収源とともに計上することになるが、国連事務局への報告方法については２０１２年12月にＣＯＰ18／ＣＭＰ８ドーハ合意で次のように決定された。

その決定によれば、京都議定書に基づく報告は「第2約束期間においてすべての先進締約国がＣＭＰ７で合意されたルールに則し、森林による温室効果ガスの吸排量に関する情報を、毎年のインベントリー報告に含めることを決定」と合意された。また、気候変動枠組条約に基づく報告は「２０１４年から始まる隔年報告の報告表の様式に基づく吸排量の報告書を併用」と合意された[8]（地球産業文化研究所／地球環境戦略研究機関 ２０１３：10）。詳細はＣＭＰ８決定書、京都議定書第5、7および8条細目の改訂文書附属書Ｉ１(j)項、附属書Ⅱ２(g)項に規定されている（地球産業文化研究所／地球環境戦略研究機関 ２０１３：１２３～１３２）。

ＣＯＰ19／ＣＭＰ９ワルシャワ会合（２０１３・11）では上記の条約に基づく隔年報告ガイドラインの改訂が承認され、ＨＷＰの追加を含めた報告表の様式が決定された。また、議定書のＨＷＰを含めたインベントリー表様式も決定された[9]（地球産業文化研究所／地球環境戦略研究機関 ２０１４）。これは２０１５年4月提出のインベントリー報告から適用されることになった。ドーハ会合で京都議定書第2約束期間に参加しない先進国にも議定書の下での報告が義務付けられているので、わが国も報告する必要がある[10]。

ＣＯＰ17、18、19／ＣＭＰ７、８、９の一連の決定によりＨＷＰに関する気候変動枠組条約、京都議定書での新たな取り扱いの細目が決定されたことになる。

3　わが国の森林吸収源対策

(1) 森林吸収量の算定方法

森林吸収量の算定は2004年COP10で採択されたIPCCのグッド・プラクティス・ガイダンス（GPG、吸収量算定方法の国際指針）により行われる。このガイダンスには2つの算定方法が提示されているが、わが国は京都議定書第1約束期間はストックチェンジ法（蓄積変化法）を採用している。ストックチェンジ法は第1約束期間における対象森林の総蓄積量の変化量から吸収量を算定する方法で、計算方法[11]を簡略に示すと次のようになる。

吸収量（炭素t／年）＝蓄積量変化（m^3／年）×拡大係数×容積密度（t／m^3）×炭素含有率（0.5）

拡大係数は幹の体積を枝・葉・根を含む樹木全体の体積に換算するのに用いられ、わが国では1.56を使うことが多い。容積密度は樹木の体積を乾燥重量に換算するのに用いる（小林2008：112～115）。第2約束期間の算定ルールは2011年12月CMP7ダーバン合意で参照レベル方式が採用されることが決定された。参照レベル方式とは「国ごとに一定の要素を踏まえて参照レベルの値を定め、この値と実際の吸収量の差をカウント」する方式のことで、参照レベルをゼロとすれば第1

約束期間のグロスネット方式と同じ方式にあると解されている。[12] わが国は参照レベルをゼロとすることでＣＭＰ７で認められている。[13]

(2) わが国の京都議定書での森林吸収源の位置づけ

わが国は京都議定書の第１約束期間（２００８～２０１２年）に１９９０年比６％のＧＨＧ削減を負っていたが、森林吸収源は６％の内、３・８％と高い比率で、温暖化対策にとって森林対策は重要な位置を占めていた。この目標達成の為、林野庁は森林・林業基本計画に基づき、「地球温暖化防止森林吸収源10カ年対策」（以下吸収源10カ年対策）を２００２年策定し吸収源対策を推進してきた。

わが国は京都議定書３条４項の追加的人為的活動の内、マラケッシュ合意で定められた「森林経営」を適用して３・８％（１３００万炭素トン）を確保する計画で吸収源10カ年対策の施策に基づき推進した。「森林経営」の活動として育成林での年間55万ヘクタルの間伐推進と天然生林での保安林指定推進と保護・保全措置の増強による森林管理の強化を実施することとした（小林２０１２：１０９）。

なお、マラケッシュ合意によれば「森林経営」とは、「持続可能な方法で森林の生態的（生物多様性を含む）、経済的、社会的機能を十分に発揮する、森林の管理と利用のための一連の作業である」と定義されている。この定義は概念的な文言で、明確な定義となっていないが、各国がそれぞれ森林経営の実態に即して判断し適用することになっている。わが国は人為的活動が行われている森林として、１９９０年以降、適切な森林施業が行われている森林と法令等に基づき伐採・転用規制等の保護・保全措置が行われる森林を「森林経営」の対象とすることにした。具体的には育成林約１１６０万ヘクタルおよび、天然生林約５９０万㌶（国内森林の約70％）で適切な森林施業（主として間伐）および管理・保全活動を行うことになった（小林２００８：１０８、１０９）。

京都議定書目標達成計画では６％削減目標の内、森林吸収源で３・８％をまかなう計画となっていた（第13講４・⑵参照）。第２約束期間の２０２０年のわが国の削減目標は２００５年比３・８％（暫定値）であるが、この内、森林吸収源を２・８％見込んでいる。林野庁では第１約束期間での間伐等の森林吸収源対策を継続して推進するとしている。

地球温暖化対策の推進に関する法に定められた京都議定書目標達成計画に変わる地球温暖化対策計画は２０１５年２月現在策定されていないが、早急に策定し、この計画の中で森林吸収源対策も策定されることが期待される。

４　ＲＥＤＤプラスの概要

⑴　ＲＥＤＤプラス[14]の概念、仕組み

２０１３年11月のＣＯＰ19ではＲＥＤＤプラスの交渉が進み、ＣＯＰ19の最大の成果と評価されている。

「ＩＰＣＣ第４次報告書」では森林分野からの温室効果ガスの排出は17・４％を推計している（第13講３・⑵参照）。森林分野からの排出量は熱帯林の土地利用変化によるものと見られている。気候変動枠組条約や京都議定書では途上国の参加のもとでこの問題に対応する明文化された規定や仕組みはな

かった。そこで生まれたのがＲＥＤＤプラスで、すでに10年近くの交渉が続けられている。

ＲＥＤＤプラス取り組みの意義は地球温暖化防止、途上国の森林保全、地域発展のトリプルベネフィットに加え、２０２０年以降のすべての国が参加する新枠組みに途上国の積極的参加を促す有力な仕組みになるとも見られている。

ＲＥＤＤプラスとは、「途上国において森林減少や森林劣化の抑制等の活動を行い、それにより温室効果ガスの排出量を削減、あるいは吸収量を増加させることに対して、その実績に応じて経済的インセンティブ（クレジット、資金等）が得られるメカニズム」と理解されている（森林総合研究所ＲＥＤＤ研究開発センター２０１２：10）。

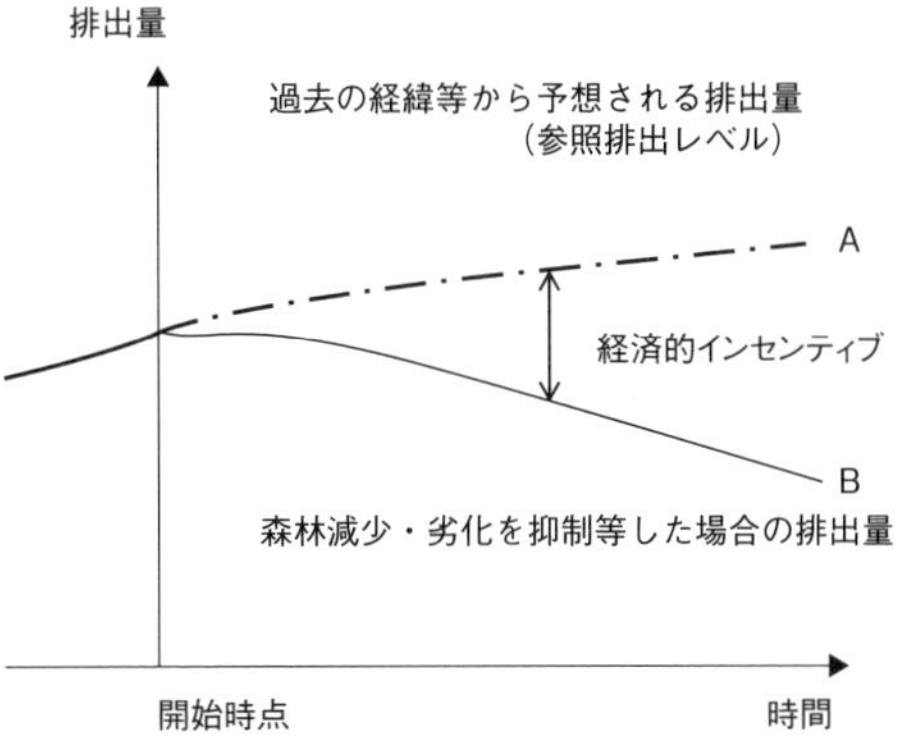

図2　REDDの概念図
出典：林野庁資料（COP15等報告書）2010.1.15

ＲＥＤＤプラスの基本的仕組みを図2に示したが、まず森林減少・劣化の抑制や保全等の対策が行われなかった場合に予測される排出量である参照排出レベル（リファレンスレベル）Ａを設定する。[15] 参照排出レベルは過去の森林減少のトレンドやそれに伴う排出量の推移などから予測する。この参照排出レベルと、ＲＥＤＤプラスの取り組みを実施し、森林減少・劣化を抑制、森林の炭素蓄積量の維持・増大を行った場合の排出量Bの差である排出削減量に対して経済的インセンティブを付与するのが基本的仕組みである。[16]

COP15（2009年12月）において、参照排出レベルおよび参照レベルを途上国が設定する場合、歴史的データを用いて透明性を確保しながらそれぞれの国に応じて設定すべきと決定された（森林総合研究所REDD研究開発センター 2012：17）。COP19（2013年11月）では「途上国により提出された森林参照（排出）レベルの技術評価の指針」が合意されている。

(2) REDDプラスの交渉経緯と合意内容

REDDは2005年12月のCOP11でパプアニューギニア、コスタリカ提案として正式議題となり、2007年12月のCOP13の決定事項である「バリ・ロードマップ」の1（b）（ii）項に検討事項が明記され、さらにREDDに関する決議文書には具体的な検討作業の項目が示されている。REDDは当初Deforestation（森林減少）のみ対象としていたが、COP13ではDegradation（森林劣化）が追加され、REDDに関する国際交渉は本格化した。

COP15（コペンハーゲン、2009年12月）でREDDが重要な議題となり、REDDの活動分野が5つに拡大され、REDDプラスと称されることになった。COP16カンクン合意で正式決定された。REDDプラスの活動分野とは次の5分野である。

(a) 森林減少からの排出低減（Reducing Emissions from deforestation）

(b) 森林劣化からの排出低減（Reducing Emissions from degradation）

(c) 森林炭素蓄積量の保全(Conservation of forest carbon stock)
(d) 森林の持続的管理(Sustainable management of forest)
(e) 森林炭素蓄積量の強化(Enhancement of forest carbon stock)

ＣＯＰ16(２０１０年12月)カンクン合意でセーフガード(保障措置)に関する事項が決定された。セーフガードとは「ＲＥＤＤプラス活動の効果を損なう可能性のあるリスクや社会・環境等への負の影響を予防するとともに、正の影響を増大するための政策・施策」(森林総合研究所ＲＥＤＤ研究開発センター２０１２：19)と理解されているが、個々のＲＥＤＤプラスプロジェクト実施に当たってもセーフガードは必要である。

セーフガードの7項目は下記のとおりである。

(a) 国家森林プログラム、関連する国際条約・国際協定を補完、合致する行動
(b) 森林ガバナンスの構築
(c) 先住民族と地域住民の知識・権利の尊重
(d) 先住民族と地域住民の参加
(e) 天然林や生物多様性の保全との合致
(f) 反転のリスクに対処する行動
(g) 排出の移転を低減する行動

ＣＯＰ19では、途上国がＲＥＤＤプラス活動の実施を通じて、セーフガードのすべてがどう取り組

まれ、配慮されたかの情報の要約を提供する時期・頻度に関し合意された。前記の森林参照レベルの指針などと合わせてREDDプラスに関する7つの決定文書のことをパッケージ文書として「REDDプラスのためのワルシャワ枠組」と名付けられ、COP19の大きな成果と考えられている。

COP20では前記のワルシャワ枠組に基づく情報を掲載するウェブサイト「リマREDDプラス情報ハブ」を開設することが決定された。

(3) REDDプラスのわが国取り組みの課題

わが国では過去数年間様々な分野でREDDプラスの取り組みが推進されてきた。大別すると、大学主体の研究プロジェクト、JICAによる取り組み、二国間クレジットの実現性調査等である。林野庁では(独)森林総合研究所にREDD研究開発センターを設置しREDDプラス推進に必要な科学的研究を推進し、「REDD-plus COOK BOOK」等の出版等でその成果を活かしている。

政府は2020年の温室効果ガス削減目標を断定値として3・8%策定したものの目標達成への分野別内訳は森林吸収分を除き細目は示していない。従ってREDDプラスの目標達成への位置づけが不透明と言わざるを得ない。このような背景の中でREDDプラスプロジェクトの担い手であり、クレジットの購入者となるはずの企業の関心は低くなっていると思われる。

政府は早急に地球温暖化対策推進法に基づく地球温暖化対策計画を策定し、その中でREDDプラス等海外でのプロジェクト実施による移転分[17]の位置づけやクレジットの用途を明確にすべきと考える。

5　まとめ

気候変動枠組条約では地球温暖化の取り組みでの森林吸収源の役割を示し、京都議定書では、先進諸国の削減目標に森林によるCO_2吸収量（森林吸収源）を繰り入れることが認められた。森林吸収源に関する運用ルールの細目は長期にわたる困難な国際交渉を経て２００１年ＣＯＰ７で法文書としてマラケッシュ合意で採択された。

わが国の地球温暖化政策の中で森林吸収源対策は重要な位置を示しており、京都議定書目標達成計画の削減目標６％の内、３・８％が森林吸収源であった。２０２０年の削減目標３・８％の内、２・８％が森林吸収源と高い比率を占めている。京都議定書３条４項の追加的人為的活動の「森林経営」をわが国は適用し、林野庁は間伐・施業を中心に森林吸収源対策を中心に取り組んできた。はじめにで述べた長野県、高知県などの森林吸収量評価認証制度は、政府の森林吸収源対策を側面から支援する制度として評価されている。

京都議定書の第２約束期間（２０１３～２０２０年）では「伐採木材製品」（ＨＷＰ）の新しい算定評価ルールが導入されることになり、「伐採即排出」ではなく、国内の森林から生産された伐採木材製品の炭素につき、廃棄された時点で排出量を計上できることになった。わが国でもこのルールに基づき森林吸収源と合わせて伐採木材製品のデータも条約事務局に提出することとなった。木材製品の地球温暖化への役割が評価され、国産材の利用振興に結びつくことが期待されている。

注

［1］委員長 筆者、副委員長 小林元（信州大学）、委員 林和弘（飯伊森林組合）、大塚孝一（長野県環境保全研究所）、小林直樹（長野県林業総合センター）。

［2］平成15年から累計で96件87者が参加している（平成26年3月現在）、2540㌶の森林整備を実施しているが、支援金額は約2億8400万円にのぼっている（平成24年度までの累計）。

［3］IPCCによる森林吸収源の評価については第13講3節に述べたので参照されたい。

［4］気候変動に関する国際連合枠組み条約。同枠組条約の京都議定書。同条約の概要は第13講2節で述べたので参照されたい。

［5］気候変動に関する国際連合条約の京都議定書。同議定書の概要は第13講2節を参照されたい。

［6］COP：気候変動枠組条約締約国会議、CMP：京都議定書締約国会議（COP／MOPとも称する）。

［7］輸出されたHWPの輸入国での廃棄データーの確保が課題と考えられる。

［8］COP18およびCMP8報告セミナー、林野庁赤堀聡之報告、10頁、IGES／GISPRI、2013・1・24。

［9］COP19およびCMP9報告セミナー、林野庁佐藤雄一報告、14頁および資料集106頁、IGES／GISPRI、2014・1・9（地球産業文化研究所／地球環境戦略研究機関2014）。

［10］林野庁木材産業課 木材産業課（井上幹博情報分析官等）が担当し準備作業を推進している（2014年3月現在）。

［11］ＩＰＣＣの１９９６年改訂ガイドラインに基づく。

［12］地球産業文化研究所／地球環境戦略研究機関（２０１３）の８頁を参照、グロスネット方式の算定方式は対象森林の総蓄積量の年間変化量から吸収量を算定する計算方法である。

［13］ＣＭＰ決定書「土地利用・土地利用変化および林業」パラグラフ12および補遺のリスト、地球産業文化研究所／地球環境戦略研究機関（２０１２：１７４、１８０）を参照。

［14］REDD-plus（Reducing emissions from deforestation and forest degradation and the role of conservation, sustainable management of forest and enhancement of carbon stocks in developing countries）

［15］森林減少・森林劣化からの排出削減活動に係るものを参照排出レベルとし、「プラス」活動に係るものを参照レベルとする（森林総合研究所ＲＥＤＤ研究開発センター２０１２：17）。

［16］REDD-plus（改訂版）、７頁、（独）国際協力機構（ＪＩＣＡ）、国際整備木材機関（ＩＴＴＯ）、２０１２・３。

［17］第１約束期間の京都議定書目標達成計画では、ＣＤＭ等京都メカニズムによる削減分を１・６％見込んでいた。

文　献

地球産業文化研究所／地球環境戦略研究機関（ＩＧＥＳ／ＧＩＳＰＲＩ）（２０１２）「ＣＯＰ17及びＣＯＰ／ＭＯＰ７報告セミナー資料集」。

地球産業文化研究所／地球環境戦略研究機関（ＩＧＥＳ／ＧＩＳＰＲＩ）（２０１３）「ＣＯＰ18及びＣＭＰ８報告セミナー資料集」、林野庁赤堀聡之報告、10頁。

地球産業文化研究所／地球環境戦略研究機関（ＩＧＥＳ／ＧＩＳＰＲＩ）（２０１４）「ＣＯＰ19及びＣＭＰ９報告

セミナー資料集」、林野庁佐藤雄一報告、14頁および106頁。

小林紀之（2005）『地球温暖化と森林ビジネス』、日本林業調査会。

小林紀之（2008）『温暖化と森林――地球益を守る』、日本林業調査会。

小林紀之（2012）「地球温暖化政策での市場メカニズムの活用と森林吸収源の位置づけ」、日本大学法科大学院『法務研究』第9号、108頁。

森林総合研究所REDD研究開発センター（2012）「REDD-plus COOKBOOK」。

農林水産省（1998）「林業白書 平成10年度版」。

第16講　森林吸収源の経済的価値化

第13・14・15講で地球温暖化をめぐる国内外の動きや森林・木材の役割について述べた。本講では森林吸収源の経済的価値化に関する歴史的経緯をオーストラリア、ニュージーランドの事例、わが国の自治体の取り組みから概観したい。さらに、木材のCO_2固定を評価・認証する自治体の制度を紹介したい。

カーボン・オフセット「J-VER」やJ-クレジット制度での森林吸収源のクレジット化の動きにつき、制度内容、最近の動きを分析し、課題と提言を示したい。

1　森林が吸収するCO_2の所有権

京都議定書は森林によるCO_2吸収量を削減義務を負った先進国が自国の削減目標を達成するのに繰り入れることを認めている。マラケッシュ合意（COP7、2001年）で吸収量を評価する算定などの運用ルールが定まった（第15講2節参照）。そこで問題となるのが森林、特に個人や自治体所有の民有林で吸収したCO_2は誰のものかというCO_2（炭素）の所有権の問題である。

わが国で、この問題についていち早く具体的に提起し先駆けとなったのが下川町であった。2002年8月に下川町が町有林のCO_2吸収量を海外排出権市場での販売を検討したことである。日本経済新聞等でも大きく報道され、識者の間でも賛否の議論を生んだが、下川町の取り組みを支持する意見は多かった[1]（小林2008：217）。

海外に目を転じると、最初にこの問題に取り組んだのがオーストラリアの諸州で、森林が吸収したCO_2の所有権を「炭素権」として森林所有者に認め、この「炭素権」を州の排出量取引制度の対象としたことである。ビクトリア州では2001年5月に「森林財産権法」（Forestry Right Act 1996）を改正し、「炭素権」（Carbon sequestration right または Carbon right）として法的に位置づけられている。基本的には、フォレストプロパティの所有者に炭素の権利が付随すること、同所有者が権利のやりとりについて契約を設定することなどを認めている[2]。

ニュージーランドでは2008年に排出量取引制度を発足させているが、その第一弾に林業部門を対象としている。森林所有者は森林吸収源による排出枠を「EST trading agreement」に基づき販売できるとしているが、対象森林等に制約がある。排出枠は一旦は国のものとし、海外の排出権市場で売って、得られた収益を国内の造林資金に充当する等森林所有者に還元できる制度である（小林２００９、２００８：68）。わが国でのこの森林吸収源による排出枠によるクレジットは輸入され、カーボン・オフセットで活用された事例がある。

2　自治体による森林・木材CO_2等認証制度の動向

(1)　森林によるCO_2吸収量認証制度

前述の通り下川町の取り組みは、時期尚早で実現しなかったが、全国の林業家からは多くの励ましがあった。森林・林業を基盤とする全国の町村に共通する課題との認識にたち、下川町はその後も実現に向け粘り強い努力を続けた。２００３年には安斎保下川町長が呼びかけ人となり全国の先駆的11町村で「森林吸収量を活用した森林経営に関する意見交換会」を3回にわたり開催した。さらに、２００６年安斎町長が呼びかけ、北海道の39市町村で「森林吸収量を活用した地域経営に関する政策研究会」を結成し、実現に向けての議論を深めた。これらの一連の動きは全国の先駆的な町村の森林吸収量認証制度や、カーボン・オフセット取り組みへの胎動となった。

さらに、２００８年7月に下川町、足寄町、滝上町、美幌町の4町で「森林バイオマス吸収量活用推進協議会」（会長、安斎町長）が設立され、J-VER制度で森林吸収源クレジット取得へと発展して

写真１　長野県「森林の里親促進事業」
CO_2認証評価委員会による現地調査（2014.11.28 北相木村）

いく（春日２０１０）。

下川町と時を同じくし、２００２年に三重県、２００４年では岩手県、宮城県、神奈川県など8県知事と有志による地方分権研究会が、「温室効果ガス排出権模擬取引」を行い、その対象に森林吸収源によるクレジットを含めた。

森林吸収源の認証制度やクレジット化への自治体の取り組みには林野庁でも慎重論が多く、陽の目を見るには年月を要した。やっと陽の目を見たのが２００６年の高知県による「協働の森CO_2吸収認証制度」である。この制度は２００４年にスタートした企業の協賛で、森林整備を進める「協働の森づくり事業」を母体とし、県の杉本明課長（当時）はじめ関係者の多大な努力で実現したもので、林野庁担当者もこの頃には助言等で県の取り組みを支えた（小林２００８：２１６～２３３）。

その後、長野県で「森林の里親促進事業」を母体としてCO_2吸収評価認証制度を２００８年にスタートさせ、大きな実績をあげている。現在では、都道府県による森林CO_2吸収認証制度は37件に上っている[3]（２０１４年１月現在、林野庁調べ）。自治体によるこれらの制度は、わが国の森林吸収源対策を見える化し、側面から支える取り組みとして評価できると考えられる。

(2) 木材のCO_2固定認証制度

木材のCO_2固定認証制度は、2007年大阪府の「木づかいCO_2認証制度」が木材製品を対象として発足している。住宅等を含めた本格的な制度としては、2008年にスタートした「高知県CO_2木づかい固定認証制度」や2012年の「長野県産材CO_2固定量認証制度」がある。長野県の制度では内装材、土木用材も含め幅広い木材製品を対象としている。他の府県による制度の多くは2009年2011年に発足しているが全体で14府県に達している(2014年1月現在林野庁調べ)。

14の制度を対象分野別に分析すると、住宅が13件(大阪府は対象外)、内装6件、製品7件で土木用材1件である。

府や県以外の制度としては2011年に発足した東京都港区による「みなとモデル二酸化炭素固定認証制度」や2010年の滋賀県の湖東地域材循環システム協議会による「びわ湖の森CO_2固定認証制度」がある。

これ等の諸制度は温暖化対策に資するのみならず、地域材、県産材、さらには国産材の利用拡大に結び付くものと考えられる。京都議定書での「伐採木材製品」(HWP)の計上方法が決まり、木材のCO_2固定量が評価されることになったことから自治体等による認証制度が普及すると共に将来はクレジット化へと発展することを期待したい。[4]

3　J‐VER制度と国内クレジット制度の概要

(1) 両制度の経緯

地球温暖化政策のひとつの手法として経済的手法があり、代表的なものとして排出量取引やカーボン・オフセットがある。

クレジットの取引など市場メカニズムを活用し、温室効果ガス（GHG）の排出削減・吸収量に応じた経済的インセンティブを付与することで地球温暖化政策を効率的に推進することを目標としている。クレジットとは認証された排出削減・吸収量のことで、通常は二酸化炭素に換算し、トンで表示される。

わが国の政府による取り組みとしては、環境省により2005年に開始した「自主参加型排出量取引制度」（J‐VET）や経産省により2008年に開始した「国内クレジット制度」がある。環境省は2008年にカーボン・オフセット制度のJ‐VER制度を開始した。[5] いずれも2012年度に制度をいったん終了することになっていた。

J‐VER制度は国民、事業者、地方自治体等が幅広く自主的に参加し、国内での排出削減・吸収の取り組みを一層推進することを目的にしている。認証されたクレジットはJ‐VERと称している。

国内クレジット制度は国内版クリーン開発メカニズム（CDM）とも称されている仕組みで、中小企業等の低炭素投資を促進することでGHG排出削減を目指している。さらに、この活動によって創出されたクレジットを経団連削減自主行動計画に参加している大企業の排出削減目標達成に活用することを目的としていた。

両制度の目的には違いがあり、J－VER制度は多様な主体の参加を目的としているのに対し、国内クレジット制度はクレジットの創出も受け手も産業界の中に限られた取り組みだと言える。対象事業は両制度共通なのはGHGの排出削減事業であるが、J－VER制度の特徴は森林吸収源プロジェクトも対象としていることである。

クレジットの信頼性、透明性を確保するためには第三者機関による妥当性確認や検証が必要で、両制度ともISO14064、ISO14065を念頭に置いているが、J－VER制度のほうがより厳密に準拠している。

(2) J－VER制度の最近の情況

J－VER制度終了時点（2013年3月末）のプロジェクト登録件数は250件、クレジット認証量は約63万CO_2tであった。登録件数の55％、137件を森林吸収系が占めていた（環境省地球温暖化対策課市場メカニズム室 2014）。認証量の9割以上が森林吸収系と推察される。なお同時期の国内クレジット制度の承認・登録件数は1466件、認証量は約150万CO_2tであった。

J－VERのクレジット価格は環境省の2012年度アンケート調査では森林吸収系では平均価格はCO_2tあたり8187円であったが、最低3000円、最高17118円と価格に大きな差がある。排出削減系は平均価格5980円で最低1000円、最高12600円であった[6]。なお、

２０１３年11月の中値は森林吸収系８０００円弱、削減系４０００円強と報告されている。[7] 筆者の情報では２０１４年３月末現在で吸収系で１０００円以上、削減系で６０００円を維持しているケースもあるが、多くは弱含みで上記の中値の維持に苦労しているのが実情と思われる。２０１４年12月現在でも販売希望価格を吸収系で１０００から１５０００円としているケースが多く、１５０００円の契約実績もあるが、Ｊ－ＶＥＲクレジットの在庫を抱え販売に苦戦を強いられている自治体や事業者があるとも聞いている。

なお、Ｊ－ＶＥＲのクレジットの有効期限は２０２１年３月末であるが、Ｊクレジットへの移行手続きを進めている事業者も多い。

4　Ｊ－クレジット制度の概要

⑴　経緯と主要点

正式名は「国内における地球温暖化対策のための排出削減・吸収量認証制度」でＪ－クレジット制度と称されている。わが国の地球温暖化政策の現状や制度内容から見て、削減する義務量の過不足分を取引するキャップアンドトレード型の排出量取引制度よりも、カーボン・オフセット的色合いが濃い制度である。

本制度は前出の環境省系のＪ－ＶＥＲ制度と経産省系の国内クレジット制度を統合したもので、環境省、経産省、農林水産省の３省共管で発足した。３省を制度管理者とし、制度全体の運営とクレ

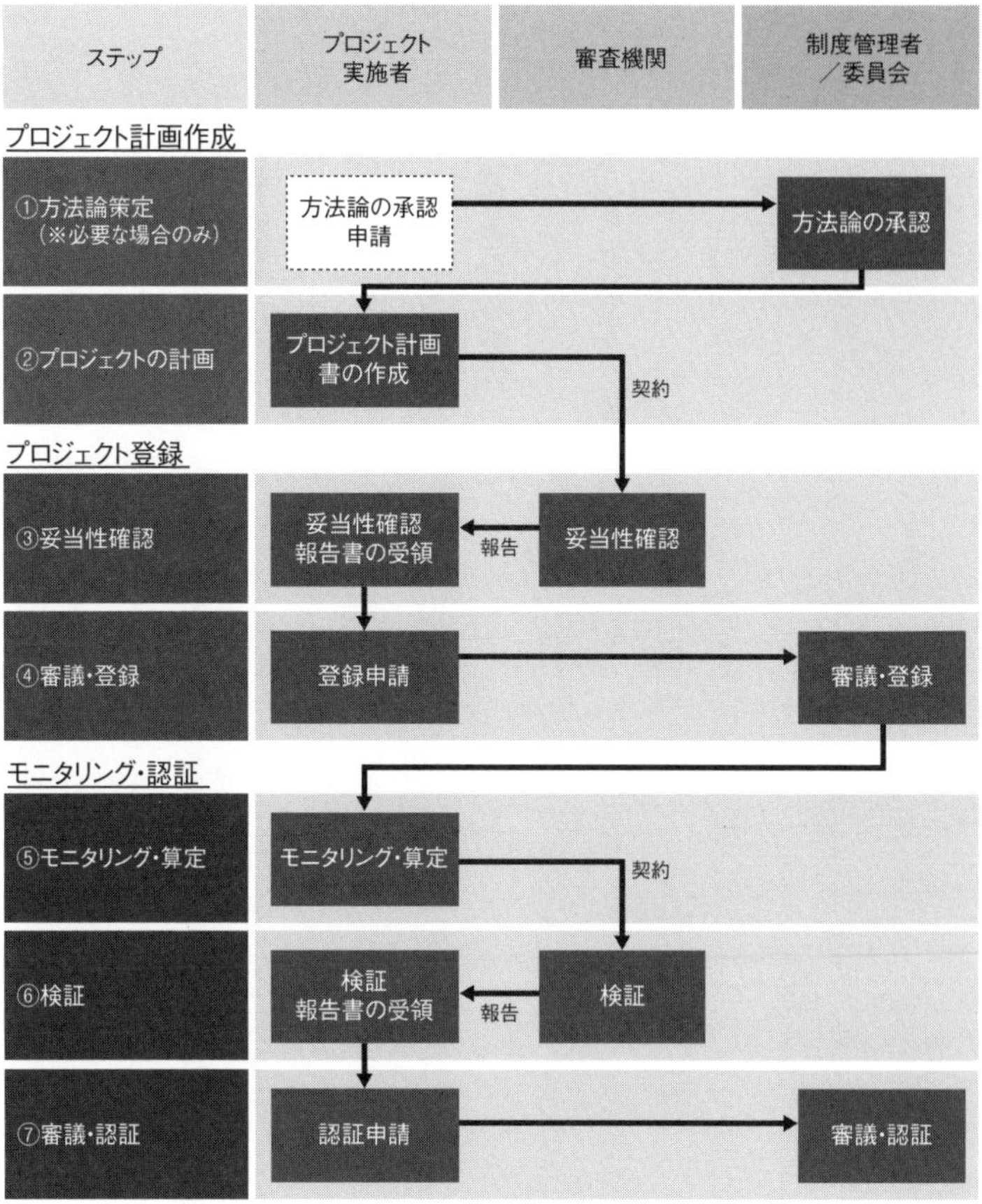

図1　J-クレジット制度における手続きの流れ

出典：環境省資料

ジットの認証のための委員会を設け、制度事務局も設置されている。信頼性の高い算定・報告・検証（MRV）を確保するため、ISO14064、14065などの国際規格に準拠した制度となっている。また、第三者の審査機関による妥当性確認や検証を実施することになっている。これらの制度内容や全体の仕組みの多くはJ－VER制度から引き継がれている。

⑵ 手続きの流れ

手続きの流れを図1に示したが、基本はJ－VER制度と同じである。先ず計画書を作成し、プロジェクト内容の妥当性確認を受ける。その後プロジェクトは登録され、プロジェクトを実施して削減・吸収量のモニタリングを実施をし、第三者検証を受け、削減・吸収量のモニタリングを算定し、第三者検証を受け認証委員会で審議の上認証される。これらの手続きを信頼性を維持しながらいかに簡便化し、使いやすく多くの主体が参加できるように運営するかが制度普及の鍵と考えられる。

⑶ 方法論と登録案件

排出削減・吸収に資する技術ごとに、適用条件、排出削減・吸収量の算定方法およびモニタリング方法を規定したものを方法論と称している。2014年9月末時点で5分野59の方法論が公開されている。森林吸収系の方法論は森林経営活動（FO-001）と植林活動（FO-002）の2件である。森林経営活動はJ－VERの間伐促進型と持続可能な森林経営促進型の両プロジェクト方法論を合わせたものになっている。

2014年9月末現在の登録プロジェクト数は68件、削減見込量は180万CO_2tと報告されている。なお、登録数にはJ－VER制度と国内クレジット制度の移行プロジェクトも含まれている（環境省地球温暖化対策課市場メカニズム室2014：①28、②73）。

森林管理プロジェクトには新たに、中標津町のプロジェクト等7件が登録され（2014年9月現在）、J－VERから31件（間伐促進型30件、持続可能な森林経営型1件）が移行されている（3月末現在、環境省調べ）。

J－クレジット制度にはJ－VER制度の「都道府県J－VER」から引き継いだ「地域版J－クレジットスキーム」があるが高知県、新潟県の制度がすでに発足し、森林プロジェクトとバイオマスエネルギープロジェクトを対象にスタートしている。

5　まとめ（課題と提言）

森林吸収源プロジェクトは森林の新たな経済的価値を生み、森林経営を健全化し、温暖化防止と地域の発展に貢献する可能性を持っている。プロジェクト実施者（事業者）は地域の特性を活かし、プロジェクトの環境的、社会的価値を見える化し、付加価値の高い「プラチナクレジット」として自らの手で企業等のクレジット需要者に売り込む努力が大切である。

高知・新潟・長野県、下川町等地方公共団体の積極的な取り組みと共に坂本龍一氏によるＮＰＯ法人〝more tree〟の支援もJ－VER制度の初期に大きな推進力となった。

森林吸収源プロジェクトの普及にはクレジットが形成コスト（事業費と手続き費用）に見合う価格で取引され、安定した需要が生まれることが重要である。

J－クレジット制度普及には3省による温暖化政策の一環として強力な推進が望まれる。具体的提言として下記が考えられる。

第1に政府主催の会議・行事のCO_2排出削減策としてカーボン・オフセットし、クレジットを活用することである。また、公共工事のカーボン・オフセットの活用も検討に値する。

第2に東京オリンピックのグリーン・オリンピック化である。会場や公共工事に伴うCO_2排出を森林吸収源クレジットにより、カーボン・オフセット化し、低炭素型オリンピックを目指すことが考えられる。クレジット収入は地方への資金還流の有効な手法ともなる。

第3に、地球温暖化対策推進法の算定・報告・公表制度や経団連の低炭素社会実行計画への企業によるクレジットの積極的活用である。特に森林吸収源クレジットは企業にとってCO_2削減のみならずCSRとしても活用できる。

注

[1] 日本経済新聞2002年8月24日付26面、植田和弘京大教授、横山彰中大教授は下川町の取り組みが可能とコメントしている。
[2] 小林（2008）、69～70頁にビクトリア州森林財産権法の該当部分の原文と要点の筆者訳が掲載されている。
[3] 北海道庁による制度としては、平成20年度導入の「道民との協働による森林づくり、森林整備によるCO_2吸収認証制度」と平成22年度導入の「カーボン・オフセット型森づくり制度」がある。
[4]「伐採木材」（HWP）については、第14講の2に詳述している。

［５］J-VER : Japan Verified Emission Reduction.
［６］平成25年度Ｊ-クレジット制度全国説明会資料、68頁、三菱ＵＦＪ＆コンサルティング、２０１４・1。
［７］環境省地球温暖化対策課市場メカニズム室（２０１４）、25頁のグラフ。

文献

環境省地球温暖化対策課市場メカニズム室（２０１４）①「平成25年度カーボン・オフセットリポート」、②「カーボン・オフセットガイドブック２０１５」。

春日隆司（２０１０）「下川町など4町でカーボン・オフセットにも取り組む」、小林紀之（編著）『森林吸収源、カーボン・オフセットへの取り組み』所収、１４９～１６５頁、全国林業普及協会。

小林紀之（２００８）「温暖化と森林——地球益を守る」、日本林業調査会。

小林紀之（２００９）「地球温暖化の政策・法体系と排出量取引制度・カーボン・オフセット」、日本大学法科大学院『法務研究』第5号、52頁。

資　料

資料7－1　「自然保護のための権利の確立に関する提言」

「我々は、自然を公共財として後の世代に継承すべき義務があり、一部の者がこれを独占的に利用し、あるいは破壊することは許されるべきではないと考える。

人は、生まれながらにして等しく自然の恵沢を享有する権利を有するものであり、これは自然法理に由来する。今自然を適正に保護するために、この権利を改めて確認する。

我々は、自然保護の重要性にかんがみ、この権利を真に実効あらしめるために、自然保護関連法において、早期にこれに沿う法制度を準備、確立することを期するものである」

出典：山村・関根（1996：5、6）

資料8－1　生物多様性基本法　前文

生命の誕生以来、生物は数十億年の歴史を経て様々な環境に適応して進化し、今日、地球上には、多様な生物が存在するとともに、これを取り巻く大気、水、土壌等の環境の自然的構成要素との相互作用によって多様な生態系が形成されている。

人類は、生物の多様性のもたらす恵沢を享受することにより生存しており、生物の多様性は人類の存続の基盤となっている。また、生物の多様性は、地域における固有の財産として地域独自の文化の多様性をも支えている。

一方、生物の多様性は、人間が行う開発等による生物種の絶滅や生態系の破壊、社会経済情勢の変化に伴う人間の活動の縮小による里山等の劣化、外来種等による生態系のかく乱等の深刻な危機に直面している。また、近年急速に進みつつある地球温暖化等の気候変動は、生物種や生態系が適応できる速度を超え、多くの生物種の絶滅を含む重大な影響を与えるおそれがあることから、地球温暖化の防止に取り組むことが生物の多様性の保全の観点からも大きな課題となっている。

国際的な視点で見ても、森林の減少や劣化、乱獲による海洋生物資源の減少など生物の多様性は大きく損なわれている。我が国の経済社会が、国際的に密接な相互依存関係の中で営まれていることにかんがみれば、生物の多様性を確保するために、我が国が国際社会において先導的な役割を担うことが重要である。

我らは、人類共通の財産である生物の多様性を確保し、そのもたらす恵沢を将来にわたり享受できるよう、次の世代に引き継いでいく責務を有する。今こそ、生物の多様性を確保するための施策を包括的に推進し、生物の多様性への影響を回避し又は最小としつつ、その恵沢を将来にわたり享受できる持続可能な社会の実現に向けた新たな一歩を踏み出さなければならない。

ここに、生物の多様性の保全及び持続可能な利用についての基本原則を明らかにしてその方向性を示し、関連する施策を総合的かつ計画的に推進するため、この法律を制定する。

資料8−2　生物多様性基本法第三条の生物多様性の保全と利用に関する基本原則（抜粋）

2　生物の多様性の利用は、社会経済活動の変化に伴い生物の多様性が損なわれてきたこと及び自然資源の利用により国内外の生物の多様性に影響を及ぼすおそれがあることを踏まえ、生物の多様性に及ぼす影響が回避され又は最小となるよう、国土及び自然資源を持続可能な方法で利用することを旨として行われなければならない。

3　生物の多様性の保全及び持続可能な利用は、生物の多様性が微妙な均衡を保つことによって成り立っており、科学的に解明されていない事象が多いこと及び一度損なわれた生物の多様性を再生することが困難であることにかんがみ、科学的知見の充実に努めつつ生物の多様性を保全する予防的な取組方法及び事業等の着手後においても生物の多様性の状況を監視し、その監視の結果に科学的な評価を加え、これを当該事業等に反映させる順応的な取組方法により対応することを旨として行われなければならない。

4　生物の多様性の保全及び持続可能な利用は、生物の多様性から長期的かつ継続的に多くの利益がもたらされることにかんがみ、長期的な観点から生態系等の保全及び再生に努めることを旨として行われなければならない。

資料8－3　【自然公園区域内における森林の施業について】（抜粋）

公布日：昭和34年11月09日
国発643号

一　森林施業制限細目

1　一般事項

(1)　国立公園及び国定公園区域内の森林の施業は、国有林野（公有林野等官行造林地を含む。以下同じ。）にあつては経営計画（公有林野等官行造林地施業計画を含む。以下同じ。）、民有林にあつては地域森林計画に基づき風致の維持を考慮して行わなければならない。

(2)　経営計画又は地域森林計画を定める場合は、原則として国立公園及び国定公園の特別地域、普通地域別に施業方法を定めるものとする。

2　特別地域における制限

特別地域内における森林の施業に関する制限は、国立公園計画及び国定公園計画において定める第一種特別地域、第二種特別地域及び第三種特別地域の区分（別紙）に従いそれぞれ次のとおりとする。

ただし、第一種特別地域、第二種特別地域及び第三種特別地域の区分の未決定の特別地域内の森林の施業に関する制限については、林野庁長官と国立公園部長が協議して定めるものとする。

(1) 第一種特別地域

(イ) 第一種特別地域の森林は禁伐とする。

ただし、風致維持に支障のない場合に限り単木択伐法を行うことができる。

(ロ) 単木択伐法は、次の規定により行う。

A 伐期令は、標準伐期令に見合う年令に一〇年以上を加えて決定する。

B 択伐率は、現在蓄積の一〇%以内とする。

(2) 第二種特別地域

(イ) 第二種特別地域の森林の施業は、択伐法によるものとする。

ただし、風致の維持に支障のない限り、皆伐法によることができる。

(ロ) 国立公園計画に基づく車道、歩道、集団施設地区及び単独施設の周辺(造林地、要改良林分、薪炭林を除く)は、原則として単木択伐法によるものとする。

(ハ) 伐期令は標準伐期令に見合う年令以上とする。

(ニ) 択伐率は用材林においては、現在蓄積の三〇%以内とし、薪炭林においては、六〇%以内とする。

(ホ) 伐採及び更新に際し、特に風致上必要と認める場合は、国立公園部長は、伐区、樹種、林型の変更を要望することができる。

(ヘ) 特に指定した風致樹については、保育及び保護につとめること。

(ト)　皆伐法による場合その伐区は次のとおりとする。

A　一伐区の面積は二ヘクタール以内とする。

但し、疎密度三より多く保残木を残す場合又は車道、歩道、集団施設地区、単独施設等の主要公園利用地点から望見されない場合は、伐区面積を増大することができる。

B　伐区は更新後五年以上経過しなければ連続して設定することはできない。この場合においても、伐区はつとめて分散させなければならない。

(3)　第三種特別地域

(イ)　第三種特別地域内の森林は、全般的な風致の維持を考慮して施業を実施し、特に施業の制限を受けない(民有林にあつては、森林法第七条第四項第四号の規定に基づく普通林として取扱う)ものとする。

3　特別保護地区における制限

特別保護地区内の森林の施業に関する制限について、厚生大臣はそれぞれの地区につき農林大臣と協議して定めるものとする。

4　普通地域内における制限

風致の保護ならびに公園の利用を考慮して施業を行うものとする。

資料10－1　森林・林業基本計画（まえがきの第1の(4)）

(4)　森林は私有財産であっても公益機能も併せ有する社会的資産であることを踏まえる必要がある。森林所有等に内在する責務として、まず森林所有者等の自助努力により、森林が適正に整備、保全され、森林の有する多面的機能の発揮が図られることが基本である。このため、森林から林産物を生産することにより得られる利益を森林の整備及び保全に再投資する経済活動である林業の健全な発展を図り、適切な林業生産活動が継続して行われなければならない。

しかしながら、こうした基本原則を維持しつつも、森林所有者等による自助努力では適正な整備及び保全が進みがたい状況にあり、森林の恩恵を享受する幅広い国民の理解と協力を得つつ、社会全体で森林の整備及び保全を支え、その公益的機能の発揮を確保する必要がある。

資料13－1　気候変動に関する国際連合枠組条約

第三条　原則

1　締約国は、衡平の原則に基づき、かつ、それぞれ共通に有しているが差異のある責任及び各国の能力に従い、人類の現在及び将来の世代のために気候系を保護すべきである。したがって、先進締約国は、率先して気候変動及びその悪影響に対処すべきである。

3　締約国は、気候変動の原因を予測し、防止し又は最小限にするための予防措置をとるとともに、気候変動の悪影響を緩和すべきである。深刻な又は回復不可能な損害のおそれがある場合には、科学的な確実性が十分にないことをもって、このような予防措置をとることを延期する理由とすべきではない。もっとも、気候変動に対処するための政策及び措置は、可能な限り最小の費用によって地球的規模で利益がもたらされるように費用対効果の大きいものとすることについても考慮を払うべきである。このため、これらの政策及び措置は、社会経済状況の相違が考慮され、包括的なものであり、関連するすべての温室効果ガスの発生源、吸収源及び貯蔵庫並びに適応のための措置を網羅し、かつ、経済のすべての部門を含むべきである。気候変動に対処するための努力は、関心を有する締約国の協力によっても行われ得る。

資料14—1　下川町自然資本宣言

【下川町自然資本宣言】

下川町は、森林(もり)と大地の恵みあふれる、豊かで美しい自然の中にあります。この恵まれた環境が、地域の産業と伝統・文化を育み、私達の郷土と暮らしを支えてきました。

しかし、減り続ける人口、長引く地域経済の低迷、少子高齢化の進行、地域における安全・安心な暮らしの確保など、重要な課題が山積みしています。

下川町は、地域資源の活用によって町の課題をいち早く解決し、誰もが暮らしたくなる世界トップクラスのまちづくりを進めていきます。

〝豊かな森林環境に囲まれ、森林で豊かな収入を得、森林で学び、遊び、心身を健康に養い、木に包まれた心豊かな生活をおくることのできる町〟これを実現するため、森林（もり）と大地に生息する多様な生物、またそれらを育む土壌、空気、水を「自然資本」と位置付け、持続可能な形で活用することで自然資本が生み出す果実を得ながら、持続可能な地域社会を創造することを宣言します。

２０１３年12月12日

北海道下川町

出典：環境白書平成26年版、１４６頁

おわりに

２０１４年12月末、厳冬期に下川町内私有林の森林施業現場を町役場森林総合産業推進課の斉藤丈寛氏に案内していただいた。零下20℃の中でトドマツ人工林での伐採作業が行われていた。現場担当者からある希少種の鳥類目撃報告があった。下川町の現場では、当然ながら注意を喚起し各々の持場で適切に対応されていた。適切な対応の決まりごとが法令であり、法秩序の運用を担うのが行政機関である。現場の事業者は法令を守ることが求められている。当然ながら各々を担う人々の知識、対応能力が必要である。

森林環境マネジメントでは、森林・環境・温暖化の重なり合う問題に取り組むことから総合的な対応が必要となる。前述の下川町の事例では、法的には、森林関連法はもとより、生物多様性基本法、鳥獣保護法、絶滅危惧種保存法等、環境法の分野にも及ぶ。したがって、他分野にまたがる法律知識に基づき、行政のタテ割り弊害にとらわれない総合的な取り組みが必要であり、担い手の対応能力と積極的な姿勢が求められる。都道府県、国レベルになる程この重要性は増してくる。

森林・環境・温暖化問題は経済・エネルギー・人口問題との関係が深い。従って森林環境マネジメントは経済・社会問題と合わせて取り組む必要があり、私たち一人一人が経済や社会のあり方を考える際の重要な課題である。

作家の司馬遼太郎氏は自然や環境に造詣が深い。その著書「訴えるべき相手がないまま」の中で、「われわれは子孫になにをのこすか」の自問に「地球」と答えている。続けて、「自然と言いかえてもかまいません。人間の生命が維持できて、それぞれが快適にその生涯を終えうる生態系を持った地球を次代に残す、ということです。そのことでただ一つ必要なことは、抑制だけでしょう」と述べている（司馬　1993：253）。なにを抑制するかはここでは具体的に述べられていないが、この一文は人類が環境の許容量を越えて活動したり、資源を食いつくしている21世紀文明への警鐘と思われる。

森林環境マネジメントはこの警鐘に応える取り組みの一つと考えられる。

本書は「北方林業」に2013年6月から12回にわたり連載した「小林紀之の森林マネジメントと環境12カ月」に加筆し、全面的に書きあらためたものである。本書の出版を快諾して下さった北方林業会 岡本光昭会長に感謝の意を表したい。また、貴重な資料や写真を提供していただいた方々にこの場をかりてお礼を申し上げたい。なお、本文中の写真は提供者の断りがない限り、筆者自身の撮影によるものである。

北海道大学 小池孝良教授には出版にあたりひとかたならぬお世話になった。深く感謝したい。先生は「北方林業」連載を通読され、本にまとめることを推して下さり、海青社宮内 久社長を紹介していただいた。編集の労をとっていただいた海青社 宮内 久社長と編集部の福井将人氏にあらためて感謝したい。

文　献

司馬遼太郎（1993）「訴えるべき相手がないまま」、『十六の話』所収、中央公論社。

索　引

略　語

CITES（ワシントン条約） 96
CLT（クロスラミネーテッド・ティンバー） 194
CO_2固定作用 272
CoC管理事業体 57
CoC認証 55
COP（締約国会議） 227, 241
EST trading agreement 291
FIT（固定価格買取り制度） 252, 267
FSC（森林認証） 56, 59
GEF（地球環境基金） 45
GHG（温室効果ガス） 226, 231
HWP（伐採木材製品） 275, 276, 285, 293
IFF（森林に関する政府間フォーラム） 41
INDC（約束草案） 245
IPCC（気候変動に関する政府間パネル） 226, 233
―― 吸収源特別報告書 234
―― 第3次評価報告書 234
―― 第4次評価報告書 235, 236
―― 第5次評価報告書 234, 236, 237
IPCCディフォルト法 275
IPF（森林に関する政府間パネル） 41
ISO14064 297
ISO14065 297
ISO/TR14061 56, 58
ITTO（国際熱帯木材機関） 37
―― の基準・指標 40, 59
JAB（日本適合性認定協会） 58
JST（（独）科学技術振興機構） 252, 263
J-VER制度 291, 294, 296
J-VET（自主参加型排出量取引制度） 294
J-クレジット制度 296
NLBI（すべてのタイプの森林に関する法的拘束力を伴わない文書） 42
PEFC（森林認証） 56, 58, 62
―― 日本認証管理団体 57
PM2・5 66
REDDプラス（途上国における森林減少と森林劣化からの排出削減並びに森林保全、持続可能な森林管理、森林炭素蓄積の増強） 45, 236, 280
―― -plus COOK BOOK 284
―― 研究開発センター 284
RISTEX（社会技術研究開発センター） 252, 263
SGEC（緑の循環認証員会議） 56, 62
TFAP（熱帯林行動計画） 36
UNCED（国連環境開発会議） 38, 54, 113, 226, 230
UNEP（国連環境計画） 77, 85
UNFF（国連森林フォーラム） 40, 41

あ　行

愛知目標 114, 134, 153
アジェンダ21 35, 39, 41, 44, 68
足尾銅山鉱毒事件 104
アマミノクロウサギ訴訟 120, 125

飯田市再生可能エネルギー条例 262
「生きた化石」論 94
育成林 279
イタイイタイ病 104
一の橋バイオマスビレッジ構想 261
違法伐採問題 44

か 行

さ　行

た　行

な　行

は　行

ま　行

や　行

ら　行

わ　行

●著者紹介

小林紀之（KOBAYASHI, Noriyuki）

日本大学大学院法務研究科 客員教授。博士（農学）（北海道大学）。

1940年東京都生まれ。1964年に北海道大学農学部林学科を卒業し、住友林業（株）に入社。1987年に海外第二部長、1991年にグリーン環境室長に就任。1998年に理事、2001年に研究主幹を歴任後、2003年6月に同社を退職し、2004年4月から日本大学大学院法務研究科教授・生物資源科学部兼担教授に就任、2010年8月より現職。

世界銀行Bio Carbon Fund技術諮問委員、IPCC第4次評価報告書WG Ⅲ Expert Reviewer、環境省のカーボン・オフセット検討会委員、J-VER認証運営委員会委員、北海道下川町環境未来都市推進アドバイザーなどを歴任。

主な著書に『ゼミナール地球環境論』（共著、慶應義塾大学出版会、1999年）、『21世紀の環境企業と森林』（日本林業調査会、2000年）、『地球温暖化と森林ビジネス』（日本林業調査会、2005年）、『温暖化と森林』（日本林業調査会、2008年）、『環境法大系』（共著、商事法務、2012年）など。

Forest-Environment Management in the Age of Global Warming
The Legal, Administrative, and Business Contexts
by Noriyuki KOBAYASHI

森林環境マネジメント《しんりんかんきょうまねじめんと》
司法・行政・企業の視点から

発行日――――――2015年3月20日　初版第1刷
定　価――――――カバーに表示してあります
著　者――――――小　林　紀　之 ©
発行者――――――宮　内　　久

海青社
Kaiseisha Press
〒520-0112　大津市日吉台2丁目16-4
Tel. (077) 577-2677　Fax (077) 577-2688
http://www.kaiseisha-press.ne.jp
郵便振替　01090-1-17991

 ● ISBN978-4-86099-304-7　C3061　● Printed in JAPAN